高情商的人
都懂得的情绪控制

郑和生◎著

Emotional
Intelligence

吉林出版集团股份有限公司

图书在版编目（CIP）数据

高情商的人都懂得的情绪控制 / 郑和生著 . — 长春：吉林出版集团
股份有限公司 , 2018.7

ISBN 978-7-5581-5224-5

Ⅰ . ①高… Ⅱ . ①郑… Ⅲ . ①情绪 – 自我控制 – 通俗读物
Ⅳ . ① B842.6-49

中国版本图书馆 CIP 数据核字（2018）第 134149 号

高情商的人都懂得的情绪控制

著　　者	郑和生	
责任编辑	王　平　史俊南	
开　　本	710mm×1000mm　　1/16	
字　　数	260 千字	
印　　张	18	
版　　次	2018 年 8 月第 1 版	
印　　次	2018 年 8 月第 1 次印刷	
出　　版	吉林出版集团股份有限公司	
电　　话	总编办：010-63109269	
	发行部：010-67208886	
印　　刷	三河市天润建兴印务有限公司	

ISBN 978-7-5581-5224-5　　　　　　　　　　　　　　定价：45.00 元

目 录
CONTENTS

第三辑 CHAPTER 03
不惧逆境，才能轻松应对逆境

目录
CONTENTS

第四辑 CHAPTER 04

不逃避痛苦，才能更正确地自我认知

第五辑 CHAPTER 05

人生需有收有放，别让思想禁锢了你的行为

目录
CONTENTS

第八辑 CHAPTER 08

战胜自我，强大内心

目录
CONTENTS

学会控制
糟糕的
负面情绪

———●———

①

　　我们总是被烦恼所困，但却经常忘记自己本身可以创造奇迹。假如我们有这样的决心信念，坚持下去，总有一天将会看到更宽阔的天空。

从纠结中
解脱出来

不知道从哪一天开始，"纠结"这个词开始闯进我们的生活。从此我们的心灵便被缠上了一团乱麻，剪不断，理还乱。工作中出现了问题，我们坐立不安；生活上出现了矛盾，我们更是彻夜难眠……最终，这种纠结的情绪越缠越紧，搅扰得我们片刻不得安静，束缚得我们无法呼吸。更可怕的是，我们很容易沉浸在这种情绪中难以自拔。

幸好，有的人能够幡然醒悟，从纠结中挣脱出来。

有位先生被派到海外工作，夫妻两人为这机会兴奋不已。经过一番计划之后，他们开心地带着孩子去就职。他们预期了很多即将面对的问题，包括生活无法适应、语言隔阂、种族歧视、丈夫工作过于忙碌、家庭关系被忽视等等，但所有这一切都意外地安然度过，最大的问题竟出在了"夫妻争吵"上。

在国内很少吵架的他们，到了异地他乡竟然成天为一些小事闹不愉快。明知是因为生活压力使然，两人却冷战热战到不可开交。

妻子沮丧到极点，做什么事都提不起劲儿，每天愁眉苦脸。

一天，她骑车独自到外面散心，一想到要回家简直懊恼极了。

她一路低着头踩着脚踏车。骑到某个路口，忽然一辆大车从身侧驶出。她差点跌倒在地上，以为自己就要亡命异乡。好在司机及时看到她，赶在撞上她之前刹住了车。

过了马路，她惊魂未定间，惊觉自己不能这样。如果她任自己失意下去，只会惹来更多更大的问题。她告诉自己，要开心度日。就这样，她与先生渐渐找出更好的沟通方法，走出困境，重拾欢笑。

　　一个人能不能早日走出忧郁、改善现状，与他接下来打算怎么面对挫折的态度有很大的关系。有些"一生悲惨"的人，就是因为他们在努力地"滚自怜的雪球"。挫折绝对是多数人的家常便饭，然而一旦容许自己陷入自怜的情绪，悲惨的事就会接踵而来，好像约好一般，非得整得你要死不活。

　　那位妻子说，在骑着脚踏车到马路另一边后，她告诉自己要坚强起来，储备精力撑过低潮。等到半年过后回头一看，才发现情况并没有想像中的那么糟。

　　原来掌控一颗纠结的心，是一件那么辛苦，也是那么危险的事。这让我想起了一位很纠结的朋友。他是家中的长子，由于从小家境清寒，对于父母勤劳养育的恩情总是铭记在心，信誓旦旦地告诉父母和弟弟妹妹，一定会找一个最好的媳妇回来照顾他们。

　　几经挑选，他终于在不小的年纪时找到了一个温顺的女人，将她娶回家，吩咐她好好伺候公婆，自己则每天从早工作到晚，忙着赚钱养父母和小家庭。

　　他每天战战兢兢地提醒自己要做好榜样。见妻子打理家务不够妥帖，就严厉地责备她，要求她也要像他一样全心全意地牺牲奉献。

　　没孩子时，他挑剔家里不够整洁，对公婆的照顾不够体贴。有了孩子后，孩子成绩不好，他怪她；孩子生个病，他也怪她。

　　终于，公婆因为年老相继过世，孩子也终于长大到可以照顾自己。妻子像递出辞呈一样地递出离婚协议书说："算我眼瞎，被你当棋盘里的一颗棋子一样地娶回家里用，现在我仁至义尽，和你的感情也全磨光了……放我走吧。"

　　这位花了一辈子尽心尽力扮演好长子角色的男人，到这时才发现他事无巨细又精确无比的要求，让他忘了真正的生活是什么，也忘了经营与妻子的关系。

　　他的一生就像拍子音符都正确无比的曲子，听起来却没有一点感情。

　　生活中好像永远都有各种令人纠结的小事，需要我们操心，需要我们费心费力去解决它。但我们不应忘记人生中最重要的，不是应该符合旁人崇高的期望，不是一定得念什么样的名校，或到什么样的公司上班才不虚此生。家里也不是不够窗明几净就没法住人，或是孩子没有十八般武艺保证会被社会淘汰——

人生苦短，何必总是为一些不必要的事情而担心，我们除了努力活在当下，还要做一个懂得享受生活的人。尽管我们无法彻底挣脱生活的羁绊，但还是要扬起快乐的翅膀，从纠结中解脱出来，容许心灵自由地飞翔。

别让困境困住了内心

在漫长的生活中，总有很多人被无休无止的烦恼纠结着、困扰着。他们每天愁眉不展、唉声叹气。那么，生活中的这些烦恼究竟来自何方呢？其实说白了，很多人之所以会痛苦、纠结、不快乐，无非是由于在他们内心或生活中遭遇了未曾预料到的变故。而这些变故打乱了他们原本的计划，使自己的愿望无法实现。

比如说，有人想创业，赚大钱，但是却遭遇了失败、做生意赔钱了；有的人希望自己的婚姻美满，家庭幸福，结果却出现了感情危机；有的人想拥有一套属于自己的房子，结果房价不断上涨，导致梦想破灭；还有人想从事一份自己喜欢的工作，结果事与愿违，从事着一份自己并不喜欢的工作……如此种种，不一而足。

突如其来的事件总会把我们原有的思维打乱，继而让我们陷入苦恼、痛苦、迷茫、无奈之中。甚至一些事情的发生简直有点莫名其妙，因为我们觉得这样的事情根本不可能在自己的生活中发生。我们也从未对它们有所预备——比如离婚，受到好朋友的欺骗，做生意赔掉了许多钱，无缘无故遭人诽谤，被同事陷害，患了某种疾病等。

当这样的事情在自己生活中泛起时，我们总是情不自禁地怀疑自己是不是走错了路。于是，我们开始变得惊慌、悲伤、气馁、失去控制，而焦急、反思、苦恼也蜂拥而来，以往的计划、目标好像完全被它们颠覆了。

我有一位忘年交，他在告别青年，迈向中年的时候，噩耗却突然从天而降，他被诊断出得了癌症。最初那段时间，他感到极为痛苦、郁闷，但他最后想，幸好发现得早，能更好的利用剩下的时间，努力去做这辈子最想做的事。在病痛与失意的日子里，他体会到一个事实：一切总会过去，阳光总会出来。

　　然而生活中的烦恼总是会出现，当我们因此感到困惑、困难、混乱，甚至陷入危机时，我们应当如何应对呢？有一位哲人曾这样说："当我们无法承受眼前发生的事情，压力大到快受不了时，这就是最贵重的机会。"

　　面对生活中的种种不如意，我们根本无需烦恼，坦然接受它，需要做的事情努力去做就是了。陷入困境没关系，但不要困住自己的心。否则，一旦深陷其中，便难以自拔，最终陷入无底深渊。有人因工作不顺，从而开始和外遇搭上关系，最后搞到自己妻离子散、痛悔一生；有人由于失业，从而导致自己身体状况愈来愈差，最后大环境改善了，自己却已追不上潮流，只得眼睁睁地任自己陷入另一波洪流中，无法自拔。

　　甚至还有一些人，生活看起来顺风顺水，并没有什么令人纠结的事情发生，但他们仍然很不开心、总是一副郁郁寡欢的样子。对于这种人，纯粹是在自寻烦恼。

　　很多时候，自寻烦恼好比是一副配错度数的眼镜，既看不清晰又损坏视力。许多时候我们只需狠下心花一笔钱配一副新眼镜就好。但有些人却停留在原地慢慢吞吞、怨东怨西。要不就是好不容易花了钱戴上新眼镜不到一分钟就"头晕得厉害"，说新眼镜不适合自己。

　　其实，当我们不幸陷入烦恼之中时，只要能稳住情绪，冷静计划接下来要走的路，按部就班、持之以恒地进行，逆境早晚会过去。曾有位十分注重学习成绩的朋友考高中时不幸落榜，在等待学校放榜的时候为了不让自己闲坐自怜，便关起房门在家里苦练英文打字。没想到这一练，练出了爱好和专长，这项小小的才能不但重建了他的自信，也让他后来在新的领域有所发展。由此可见，逆境也能创造奇迹，就看我们如何利用它。

　　我们总是被烦恼所困，但却经常忘记自己本身就可以创造奇迹。假如我们有这样的决心信念，坚持下去，总有一天将会看到更宽阔的天空。

　　事实上，生活中发生一些让人迷乱的出乎意料的事情是很正常的。而且在一个不认识的状态中，探索本身也是一件非常有益自我完善的事情。在这种状态中，即使自己表现得力不从心也没有什么，只要坚持下去自己很快就会对它认识起来。假如你总是习惯于做自己最擅长的事情，未必就对自己有好处，也许在反反复复中我们根本学不到任何东西。

　　为了避免让自己陷入无休无止的烦恼当中，我们必须敢于质问自己"为什么"，比如"我为什么会走到这一步？""我真正需要的到底是什么？"等等。敢于质问自己不是软弱的表现，只有这样我们才可以更清晰地认清自我，辨别自己所处的状态。对于一个有强烈进取心的人来说，他们会在不断的质问中得到智慧，使自己更清晰地了解自己。在这个质问的过程中，我们会逐渐建立起更自觉、更真实可托的生活。

[把情商和智商
有机地结合]

许多人认为，一个人是否能在一生中取得成就，智力水平是首要的，即智商越高，取得成就的可能性就越大，但心理学家们大都认为，情商水平的高低对一个人能否取得成功也有着重大的影响，有时其作用甚至要超过智力水平。

假如一个人不能把情商和智商有机地结合，那么他是很难有所成就的。因为现代社会的环境很复杂，仅有高智力不足以应付各方面的问题。现在的年轻人中有很多脑子聪明、智商高的，但他们中的大多数情商都不高，不能控制自己的情绪，易冲动，抗挫能力差，人际关系紧张。

那么，究竟什么是情商呢？所谓情商，又称情绪智力，它主要指的是人在情绪、情感、意志、耐受挫折等方面的特性。是测定和描述人的"情绪情感"的一种指标。具体包括情绪的自控性、人际关系的处理能力、挫折的承受力、自我的了解程度以及对他人的理解与宽容等。

美国心理学家的研究成果表示，情商与智商不同，它不是天生形成的，而是由下列5种可以学习的能力组成：

1. 了解自己的情绪。

2. 控制自己的情绪。

3. 激励自己。

4. 了解别人的情绪。

5. 保持融洽的人际关系。

现代心理学家表示，情商与智商同等重要，是一个人迈向成功的重要要素。从下面的这个例子就可以看出情商对一个人成长和成功的重要性。

几天前，小姜跟客户产生了冲突，导致公司损失50多万，他也因此丢了工作。他到现在心里也不舒服，而且，自始至终觉得自己委屈。

这个客户是经理费了很大力才拉到的，是个傲慢的中年女老板，她答应购买公司生产余留下来的一些边角材料。这些材料对公司来说只是鸡肋，留着没用，丢掉又觉得可惜，加上现在的项目恰好缺少一笔资金，所以想尽快把这些边角材料卖掉。

双方经过洽谈，对方同意以低价格全部收走这些余料。假如说客户是上帝的话，那么这个女客户还真把自己当上帝了，认为是她拯救了他们公司。

当这个女客户到公司大厅找经理的时候，小姜正好经过，随口问了一句找谁。"找你们财务的小王！"她一副傲慢的样子。

小姜没注意到她的神情，随口对财务门口喊了一句："王，你的客人，出来接客！"

女客户十分敏感，她对"接客"这两个字很是不满，认为一个小年轻人这样说话是对自己极大的不尊重。于是，大声喝道："你……你什么意思？怎么说话呢，你！"

小姜不料女客户会把声音抬高八度朝自己吼，由于没有意识到自己哪句话惹恼了客人，直愣愣地说："我就这么说话啊，怎么了！"

女客户不曾想这么一个自己看不上眼的小小职员竟然敢和自己对着干，气得脸都青了，当场就对着小姜发飙："你们公司的人都什么素质啊！不像人说的话！"

这句话把小姜恼怒了，认为对方在对自己进行人身攻击。于是，索性站住跟客户吵起来，不管对方是何人，先出一口闷气再说。后来，把女客户气得舌头直打哆嗦，小姜捂着嘴一直笑！

最后，财务的小王和经理都出面，此事才化解，这笔买卖最终没做成。经理气得无语，没有看小姜一眼，挥挥手，说："你明天不用来上班了！"

小姜不曾想到用错了一个词竟会失去工作，他甚至认为是对方有意挑起战火，小题大做，至于吗？朋友听完他的"下岗"故事，对他说了一句话："你的情商太低了。"这句话就像一支箭，刺入了他的心脏。

按照我们惯性的思维，小姜的这句话实在没什么，或许小姜平时就是用这样的口吻跟他的朋友们说话，开玩笑。然而，既然是在公司，面对客户的时候就不能这样随心所欲，客户需要的是尊重，小姜的这句话却没有掌握好分寸。

此时，小姜假如情商高一点，就会意识到自己说话不妥。其实，只要他对客户说一句对不起，控制一下自己的情绪，可能就不会有后面的唇枪舌战。可惜，小姜不知道控制自己，对手又是一个比较敏感、容易情绪化的中年女客户，在双方都不愿意让步的情况下，一场不愉快就不可避免了。

很多人智商很高，做事也有能力，但是一辈子却很平庸，恰是因为他们情商太低。情商低的人，很容易因为某一次冲动，一句不合时宜的话，一次不恰当的行为而丧失某个成功的机会。

所以，现在有很多企业在招聘的时候，不仅要看应聘者的专业知识如何，更要看应聘者的内在素质和"情商"。

曾经一个年轻女孩在给我的邮件中，诉说了她的苦恼：

"我知道我的脾气很不好，性子也很急躁，常常为了一点鸡毛蒜皮的小事就和男朋友吵架。其实，我不是故意挑他的错，我了解自己有多爱他，但是有时候就是控制不了自己的情绪。

"开始的时候，他还老让着我，可现在他不再让我了，我们吵架时彼此总会针锋相对。其实，吵架是一件很伤感情的事情。我很害怕我们的感情会在吵闹声中消失……"

我回复她的邮件只有四个字："提高情商！"

记得去年我在武汉看《武汉晨报》时，其中有一则关于一个女孩的报道，标题为"女生任学校'情商部长'，求职受4家大公司青睐"，这留给我很深刻的印象。

这个叫王珊的女孩毕业后，很快就收到了太平洋保险、维达纸业集团的两家公司的聘书。刚毕业就能进这样的大公司工作，是许多人所向往的。

当别人问她是什么优势让公司录取她时，她很自信地说："我有高的情商，遇到任何困难都可以乐观自信地面对。"主考官们也认为亲和力、自信、积极主动是王珊留给他们的第一印象，而这些都是高情商的代表。

其实，她在大学校园的时候，就有一个非常重要的身份，是学校的"情商部部长"。她在校发起成立了"情商学会"，有40多人加入。情商学会主要培养每个人的激情，控制好自己的情绪，处理好人际关系及耐受挫折的能力。

毕业后，她也一直坚持锻炼管理自己的情绪。自信乐观的态度、在客户面前从容不迫等都是她锻炼的内容。因为她坚信情商对自己有很大的帮助。

要提高一个人的情商，首先要建立乐观的生活态度。乐观就是无论何时何地，都能保持良好的心态，相信坏事情总会过去，相信阳光总会再来的心境。简言之就是遇事坦然，自信自强。

再次，应及时解除自己的心理枷锁。自卑、压抑等，都是影响人们情商的心理枷锁，一旦发现自己被这些心理枷锁套住时，要及时寻找解锁的方法，如向信任的朋友倾诉，听取他们的意见或建议等。

再次，要宽以待人，严于律己。宽以待人就是要有博爱的情怀，能包容他人的缺点和个性；严于律己意味着要增强自律力，凡事都能理性思考，不冲动行事。

启动你的自我防御机制

有一只饿着肚子的狐狸，看到葡萄架上挂着一串串葡萄，对他很有吸引力，但是他绞尽脑汁也够不到。吃不到葡萄的狐狸没有气愤，却在临走时对自己说："葡萄是酸的。"

于是，狐狸继续前行，走了好长时间也没有找到食物，最后只找到一只酸柠檬，这实在是不得已而为之，但它却安慰自己说："这柠檬是甜的，正是我想吃的。"

这个故事似乎很多人都知道，而且都嘲笑过这只狐狸。实际上，在生活中，我们也常常演绎着这只狐狸的角色，只是我们没有注意到，或是不愿承认而已。

狐狸的这种心理看似虽然有点自欺欺人，但是也未必是不可取的，能对人们产生一种自我安慰。这个故事在心理学上形成了"酸葡萄心理"和"甜柠檬心理"这两个术语。

其实，我们经常会有这种心态，当一件你向往很久的衣服卖光了，虽然你有些遗憾，但你仍会安慰自己"那件衣服款式虽好，但面料和做工我都不喜欢，不买也无所谓！"当你爱的人选择了别人，即使你很失望，但还是会安慰自己："他'三高'（高学历、高身材、高收入）一样都没有，并不值得我爱"；当同事升职，而你还在原地踏步的时候，虽然你有失落感，闷闷不乐，但同时你也会暗自告诉自己："职务越高，责任越重，无官一身轻啊。"

这些都是我们自身的防御机制在运行。所谓自我防御机制，是指人在无意识的情况下自动发生作用的、非理性的、应付焦虑的心理适应过程，自己通过言语、行为、思想、情感等虚构或歪曲事实，以达到我们保护自己，协调本我、超我与自我的关系的目的。例如，当别人否定你的观点的时候，你会据理力争；当有人批评你时，你会产生一种抵触的情绪；当你犯了某个错误时，你会快速地想要为自己找个借口。

换句话说，就是当我们面临威胁和伤害时，本能地为自己找借口，让自己逃脱伤害和压力。在工作中，不要为任何事找借口，要以真正负责的态度认真对待你要完成的每个任务，这样你才能获得成功。但是，在面对那些负面情绪时，我们需要为自己分担一些压力，减轻我们的不安和痛苦情绪。

自我防御机制使我们真正的理解自己和他人的情绪状态，引导形成健康人格。前面讲的"酸葡萄"心理和"甜柠檬"心理就是一种"合理化"的自我防御机制——以某种"合理化"的理由来诠释自己追求目标失败的事实，以达内心之安、心理自救的目的。

生活中的艰难痛苦我们无法避免，有快乐就必定会有很多的挫折。一些性格固执的年轻人，当受到挫折的时候容易钻进死胡同，情绪坏到极点，从而一蹶不振、垂头丧气、痛不欲生、埋怨他人、甚至与人对抗等。

前段时间报纸报道，云南省有这样一个年轻人，由于他高三复读4年的事迹，使他在学校成了个响当当的人物。他前三次高考，复旦、北大、北航，许多学生梦寐以求的高等学府他都曾考上，但是固执的他一心只想考清华大学，坚持要补习。最后，命运捉弄人，第四次参加高考的他还是没能上清华，直到2008年当他第五次高考时才再次考上北京大学，终于来到北京读书。最终，他认识到自己浪费了4年的时间。我们不能小觑他的梦想，也不能否认他为了圆清华梦所付出的努力，但是这个坚持的最后是使他浪费了4年的宝贵时间，多少有些不值。假如他能换一种思考方式，清华大学人才济济，竞争激烈，学习压力也大，去其他大学也是很好的选择。那么他就可以早几年享受大学生活了，早几年步入社会了。

如今许多年轻人，毕业后一心想进大企业、外企工作，最后因为经验不足不能如愿以偿，于是，就对自己的前途丧失信心。其实假如换一个思路去想，进小公司也有它的好处，各种制度灵活，而且锻炼人，不也很好吗？此时，大企业就是狐狸心里的"酸葡萄"，小公司则是"甜柠檬"。不如此，我们找工作时，一味地找那些条件优厚的单位，而自己的能力又不足以胜任，其结果自然是落选，而且还会造成心理上的紧张。适当地编造一些"理由"来自我安慰，就可以消除紧张，减轻压力，把自己从不满、不安等消极心理状态中解脱出来，使自己免受伤害。

当然，遭受挫折时为自己找借口辩护、自圆其说，有一定的积极作用，可以缓解消极情绪，但是真正的面对挫折却不能仅仅停留在自圆其说上。当情绪稳定后，应该冷静、客观地分析失败的原因和总结经验，重新选择目标或改善方式方法。

[负面情绪 于事无益]

负面情绪，就像疯长的野草一样，一旦扎根便能不断地影响心情、破坏信心、从而影响你的言行举止甚至是影响到做事的质量进而对你造成极大的破坏力，但它最糟的不是它的破坏力，而是它将在对方心里持续你的坏形象，从而对你造成长期的不良影响。

很多人以涟漪为例，来形容一个人的快乐或愤怒是如何扩散并一层层传递给其他相干和不相干的人。但涟漪扩散开波动后不久就会消失于无形，不会表现出多大的影响。然而你即使只是很短暂的情绪发泄，也有可能会在别人心中留下不可磨灭的不良印象。

有位朋友几年前去海外留学时，曾以工读的身份进入学校的电脑服务部当秘书助理。他被指派的第一件事情是清点全校的电脑设备。

接到工作后，拿着一沓清点表，带着一支笔，他马上开始在整个校园奔走。上楼下楼，他万分辛劳地找出每台电脑并认真核对、登记所有电脑设备的出厂序号。

在这期间，他来到了学校程序设计部核查登记。谁知刚一跨入程序部表明来意，毫不留情的怒骂声就劈头盖脸的朝他砸过来："谁叫你到这里来？你想做什么？"

"我老板要我来这里清点电脑。"他惊慌地回答。看得出朝他大吼的人就是这个部门的经理。

"我们这里的东西不需要你们清点！"面对对方经理毫不客气的责骂，他呆愣在原地，不知如何是好，只好任由他说下去。"你们电脑服务部每年都清点，每年都清点得乱七八糟，不但一点没用，还总是打搅我们。出去！我不需要你清点！"

"好。"他点点头，尴尬地离开。

回去的路上，他脑子里不停的回想着发生的事情。这位经理的话泄露了很多事情——这是分部和分部之间的矛盾斗争，他只是很倒霉不巧撞上被当作了炮灰而已。

在这件事情上，这位经理让自己显得极没风度，竟然在大学校园里对一个毫不知情的工读生发火！

第二年，这位经理被指派担任某学生会的参谋。巧的是，那位朋友正好当上同学会的副会长。那位经理一反之前怒骂朋友时凶恶的样子，对学生会的干部都是一副慈祥温和的样子。直到见到我的那位朋友，他蓄满笑容的脸竟然僵了一下，连耳根子都红了起来。

很显然他发现自己当初对我朋友那恶劣的态度与今天相较，简直是大相径庭。

后来，这位朋友说："虽然我当时有点坏地在心里暗笑他，但很快地，我也尝到了控制不住自己的负面情绪的苦果。"

原来他毕业回到台湾工作后，因为工作上与厂商合作得不太愉快，不小心在别人面前顺口抱怨了一下，结果导致合作的厂商对他的印象极差。甚至要求他立即公开道歉。就连他的上司都气愤地要求他道歉。正是这个错误，让他懊恼了好久。

他气极了，却发现在这个节骨眼上，不管自己怎么说都理亏。毕竟大家都只是听命行事的"一等兵"。从一开始他就应该学会控制好自己的情绪。

原本他和合作的人关系还不错，但就因为这几句抱怨的话，破坏了彼此间的友好，再怎么道歉都无法改变彼此的间隙，他只好选择从此说话小心谨慎。

从那以后，公共场合时每句话他都小心再小心，免得不小心又得罪人。

当然，在这个经验中他学到了教训，也看到了负面情绪是如何一来一往地给所有相关的人带来麻烦。

后来他对我说了一句他深有体会的话：

"负面情绪不但于事无益，反而会让自己在对方心中长久的留下不良印象。"

[不必凡事 都从众]

在生活中，我们的思想与行为经常会受到来自外界的影响。比如，当你的观点与他人有悖时，即便自己坚信是对的，有时也会迫于众人的压力，而放弃自己的观点"随大流"；参加活动时，为了与大家保持一致，有时你难免会选择"委曲求全"；自已身边的年轻朋友大多都结婚了，你自然也会考虑自己应该找个人谈谈恋爱，结婚了。这就是一种从众行为。在我上大学时，曾经历过这样一件有趣的事。

记得是在千禧年前一天的傍晚，班上的一群同学相约一起去学校附近的广场看千禧节目。从学校走到广场大约需要30分钟。大家就这样无聊地走着，突然有一个男孩出了个主意，就是让大家同时望向天空中的某个地方，并做出好奇的探索状，观察路人会做何反应。对这个恶作剧大家都非常感兴趣。

于是乎，我们几个人都围在一起，形成一团，把头抬起来，望向天空，手臂若无其事地指向天上的同一个位置，嘴里还故意含糊不清地说着我们自己也听不懂的话。我们一边笑，一边看，一边说。

果然没过多久，路上的行人就有了反应，他们跟着我们一起抬头看天，真的以为天上存在什么吸引人的东西。

我们觉得越来越有趣。抬头望天的人也越来越多。有些人边走边看，有些人则干脆停下来认真观看，但却没有一个人过来问我们到底在看什么。

等大家都觉得恶作剧该结束的时候，我们便一哄而散。继续前行，背后却留下了一群看天的人！

直到有一个小女孩一语道破真相，她说："妈妈，天上根本什么也没有，哥哥姐姐们在骗人！"那些望天的人们才知道自己被骗了，有的匆匆离去，有的自我解嘲地傻笑。

从众就指个人受到外界人群行为的影响，而在自己的知觉、判断、认识上表现出符合于公众舆论或多数人的态度的行为方式。

通常来讲，在一个群体中，如果一个人发现自己的行为和意见与群体不符，或与群体中大多数人存在分歧时，就会自然而然地感受到一种压力，它促使他趋向于与群体保持一致。换句话说，从众来自于群体对自己的无形压力，从而迫使自己违心地产生与自己意愿相反的行为。

从众性与独立性是人们存在的两种互相对立的意志品质。从众性强的人缺乏主见，容易受到暗示，容易不加考虑地采纳别人的意见并付诸实行。学者阿希曾进行过从众心理实验，结果在测试人群中仅有1/4~1/3的被试者没有发生过重的从众行为，保持了自己的独立性。

从众行为的程度在不同类型的人身上具有不同的表现。通常来说，女性比男性更容易从众；性格内向与自卑感较强的人比那些性格外向与自信的人更容易从众；文化程度低的人比文化程度高的人更容易从众；年龄小的人比年龄大的人更容易从众；社会阅历浅的人比社会阅历丰富的人更容易从众。

事实上，从众有时候也不一定就是什么坏事。当你无法做出决断的时候，别人的做法可以供你参考。通常而言，大多数人的决定都不会错，他人的经验就是你的行为标准，这样做可以为你省去很多不必要的麻烦和时间。

但是，从众心理也会使人缺乏分析，从而降低人们独立思考的能力，况且鞋合不合脚只有自己知道，别人的经验拿过来也不一定适合你，或者根本就是错误的，俗话说："真理往往掌握在少数人的手上"。如果我们不顾是非曲直盲目地服从大多数，随大流，这种行为是不可取的，是消极的"盲目从众心理"。

一年前张丽毕业于某所大学，现在一家影视传播公司里上班，虽然月收入并不高，但她已经是有房一族了，尽管如此，她却过得并不快乐，因为每个月的月供让她非常辛苦。

原因是她看到朋友们都买了房，在"房价还会不断上涨"的舆论影响下，再加上她的一点虚荣心与攀比心，生怕自己跟那些有房的朋友们"不合群"，因此，她想都没想就下定了买房的决心，并让父母为自己交了首付，自己则负责月供。

真的成了有房一族，却并没有让她获得更多的快乐。房价并没有她想象中涨的那么快，相反，月供却占到了每月工资的80%，压的她喘不过气来。她十分后悔当初买了房。

马克·吐温说："一般人缺乏独立思考的能力，不喜欢通过学习和自省来构建自己的观点，然而却迫不及待地想知道自己的邻居在想什么，接着便会盲目从众。"一个独立性强、思维清晰、有主见的人是绝对不会盲目从众的。现在有许多年轻人，或缺乏对自身的认知，或对前路一片迷茫，或碍于虚荣，宁愿跟着别人走也不愿意停下来听听自己内心的声音，不问自己想要什么，也不想想别人的选择是否是自己真正需要的，就像上面的张丽，效仿别人，盲目从众，结果却给自己带来了沉重的负担。别人的意见只能拿来做为参考，最终的决策权还是要结合自己的实际情况来定。所以，我们要清楚地认识现状，知道哪些东西是自己需要的，而哪些东西是自己不需要、不能跟随的。

培养正面的习惯

　　人是一种习惯性很强的高级动物。有调查表明，人们日常活动的90%源自习惯和惯性。很多时候，我们的性格和行为都是习惯的一种表现形式，是习惯造就了我们的行为也是习惯造就了我们的生活。好的习惯是一种助益，但坏的习惯则是一种可怕的力量，会让我们情不自禁地重复错误的行为，它会成为我们的最大负担拖累我们直到失败。

　　行为会变成习惯，而习惯则能养成性格，性格决定命运。所以，一旦性格形成，我们的命运也就在习惯的掌控中了。也许我们会觉得这有点危言耸听，不就是习惯嘛，有什么大不了的。就算身上有坏习惯，把它改掉不就可以了嘛！

　　可千万别低估了习惯的影响力，它可并不像我们想像的那么容易对付。若是不信的话，就先看看大象"林旺"的故事吧。

　　林旺是在动物园中长大的，在它很小的时候，它的鼻子就用铁链栓在了木桩上。

　　有一次，一只猴子向它招手问好，好像还想和它聊聊，于是，它想挣开铁链，到猴山去逛逛顺便也看看猴老弟。结果林旺用力一挣，却没想到用力过猛，拽的鼻子生疼。"哎哟，疼死我了！"小林旺疼得直流眼泪，心里默默想道："看来我这头小象是挣不开这个铁链子的，它太紧了。"

　　半年的时间过去了，小林旺的鼻子早好了，疼痛也早忘到九霄云外了。一天，它又突然想到大街上去转转了，就又一次用鼻子拉那条栓在木桩上的铁链子。和上次一样，它还是没能挣开，又把自己的鼻子挣得生疼。"哎哟，我怎么这么快就忘了上次的教训了，我是挣不开这条链子的。"

经过那两次失败后，以后它再也不敢想要去挣开那根链子了。

几年以后，小林旺长大了，身材魁梧，像个大力士。但是，之前的教训让此时的它再也不会想到要去挣开那条链子了。因为它始终以为自己是不可能摆脱的。其实，此时的它只需要稍稍用力，就可以很容易的把链子挣开了。

后来，小林旺就在那根木桩旁边带着铁链子寿终正寝了。

故事已经结束了。现在请认真思考一下后回答：小林旺为什么会认为自己根本挣不开那条链子？我们很容易把它和消极暗示联系起来，认为反复的消极暗示让它自己肯定了它挣不开链子这一事实。每次当它想要摆脱那条链子时，就会习惯性地暗示自己，不要再挣扎了，那是徒劳无益的。

其实，想想糊口中的自己，有时不也和小林旺一样吗？

一旦我们的思维进入习惯的程序中，所有的事情就都会变得理所当然。自以为能力不行了，所以自己完不成那项任务，放弃了；自以为天赋有限，所以自己解决不了那样的题目，放弃了；自以为难题无法击败，所以自己甘心堕落，放弃了；自以为迷乱太深，所以自己难以走出来，放弃了。

但事实真的是如此吗？不一定。

很多时候，我们的生活都处在习惯的控制之下，甚至我们的很多行为都是习惯化的。想想看，我们大多数的日常行为是不是都只是习惯？我们几点钟起床，怎么洗澡、刷牙、穿衣、读报、吃早点、驾车上班等等，这几百种行为是不是都不需要我们的意识特意指挥，就在我们无意识中自然而然的做出来的？

事实上，意识经由多次反复重复之后，就会进入我们的潜意识。而习惯就存在于我们的潜意识之中，潜意识是不归意识指挥的自发行为。习惯性思维一旦进入潜意识，它就拥有了无法控制的巨大力量。

对一些人来说，正是习惯的好坏影响着他的成功与失败。这听起来好像有些不可思议，那么，这究竟是怎么一回事呢？

事实上，人的意识有潜显之分，即潜意识和显意识。所谓显意识，就是我们在警觉状态下的知觉流动，如思索、推理、计算或设定目标等。而潜意识则是在我们无知无觉的状态下它自动自发的流动，如习惯、记忆、情感、信奉、价值观等。一般情况下，潜意识是潜藏着的，它在显意识之下，悄悄等待。一旦显意识放松警惕，开小差，潜意识就趁虚而入开始施展作用了。

我们通常很容易忽略潜意识的作用，但人类的很多奥秘都深藏于潜意识之中。经研究发现，一个人的日常活动中，其中90%是通过不断重复某个动作，而将其在潜意识中逐渐转化为程序化的惯性。而在惯性的支配下，我们的行为无需思索，便自动运作。

这种自动运作的力量，就是习惯的力量。很多时候，正是各种不同的习惯使人们开始发生变化，而这种潜在的变化则是我们主体本身不易觉察到的。原来，我们自己并不是自己的主人，我们竟然无法完全支配自己。

所以，习惯是一种巨大的力量。不管我们是否愿意，它总是无孔不入，一点点的慢慢的融入到我们生活中的方方面面。

习惯对我们的生活造成的影响远远超出我们自己的想像，如果我们加以控制，它就可以影响我们生活中的所有方面，如与朋友、家人、同事的交往方式，我们自己的性格形成等等。

很多习惯都是我们无意识中养成的，但要想改变一个习惯却不是那么简单。因为它是深深融入到我们的潜意识和身体当中的，从不休息、永远悄悄存在着的自动导航员。所以，要想改变，会非常的艰难和不易。

除非我们下定决心改变自己的习惯，并时刻保持足够的清醒和警惕，毫不松懈，才能产生一套全新的潜意识运行程序。否则，我们将仍旧毫不迟疑地重复类似的习惯。

很多坏情绪都是由拖延引起的

人生逆境局面的形成，大多都和不良习惯脱不了干系。当吃尽了坏习惯造成的苦头后，我们下定决心要将其改掉了，然后我们给自己制订了计划想要实施，而这时另一个坏习惯便又会向你逼近，那就是拖延。拖延这一恶习一旦开始发挥作用，整个计划便失去了执行的可能，让一切恶习依旧存在继续给自己造成困扰。

你是一个有拖延习惯的人吗？

当我们开始为将要且必须要做的事情找借口时，说明拖延这一恶习已经在我们头脑中扎根了。

拖延是一种恶习，对于拖延给我们造成的损失，一位成功学家这样说："假如能把你的借口换成美元的话，相信你的财富会超过比尔·盖茨。"

富兰克林也说："掌握今日即是拥有两倍的明日。"而当我们把今天的事情拖到明日时，完成同一件事情所需要的时间至少要超出正常时间的两倍。

拖延是人性中的弱点之一。作为一种消极心态，拖延来自于人类的软弱、自私自利和犹豫不定。

曾有一个喜欢拖延的人，在其自白书中这样写道：

在我20多年的生命里，曾有7年时间不知快乐为何物，因为在离开大学城之前我没有完成硕士学位论文。离开之后，因为自我约束力日渐消失，所以7年来，我没有读过一本书，因为我总是"应该"写论文，但却一直不曾真正开始去做。但内疚、自责和失败感却没有离我而去。它成了无形的绳子，一直绕着我的脖子。那真是痛苦的回忆。

我真希望能告诉你，我不想再拖延了，但我没能做到。在我找到一份工作后。老板公布了一项任命书："来福利，硕士，刚被任命为……"当我看见这份文件时，脸色顿时变得苍白。我说："可是，我告诉过你我还没拿到硕士学位。"老板温和地笑了，目光中透着坚定，"口试时，你告诉过我你的论文快要写完了，我相信你能拿到学位。"

事实上，我真的拿到了！我首先向学校申请延期，然后连续6周天天晚上下班后写论文。在飞回母校参加答辩的路上，我第一次痛快地读书消遣。我发誓从今以后再也不让拖延这一恶习毁掉我的生活了。作为奖励，我给自己安排了欧洲之行。我的论文写的很不错，让我顺利拿到了学位，当然欧洲之行同样令人愉快。直到今天，我都非常感谢老板对我的殷切期望。

你是否也像他一样，经历过或正在面对着拖延的折磨？

不要总是自欺欺人地暗示自己：只需等待，美好的未来便会自然而然地到来。希望不在明天，更不在将来的某个时刻。而是就在现在，在我们自己脚下。我们应该学会从今天开始，而不是用一个期待来画饼充饥。

当然，不知道自己该做什么并不是拖延，只能说明我们正在思索，而拖延则是在我们知道自己该做什么怎样去做的情况下，却拖延着不去做。对于习惯拖延的人来说，只需要一个小小的借口就可以让自己心安理得地把原本今天应该完成的事情，拖延到明天、后天甚至到最后不了了之了。

还记得那首自己很小的时候就开始背诵的诗吗？明日复明日，明日何其多，我生待明日，万事成蹉跎。喜欢拖延的人之所以拖延成瘾，关键在于他们总能给自己找到一个可以让自己心安理得的理由。在一本《要结果，不要理由》的书中，作者提出了一个很明确的观点：结果第一，理由第二。意思就是说，只要没有达到预定目标，任何理由都是没有说服力的。

拖延往往会使解决问题的难度变大，所以当我们想要为拖延找借口时，可以想想这样做的不良后果。那么在日常生活中，拖延的表现形式都有哪些呢？拖延的表现形式多种多样，其轻重也有所不同，其主要表现形式有：

把本来应该今天完成的事情，拖延到明天甚至以后完成。

被琐事缠身，以致无法将精力集中到重要的事情中去。

做事情磨磨蹭蹭，有着一种病态的悠闲。

只有被上司逼着才会向前走，从来不愿意自己主动解决。

反复修改计划，有着极端的完美主义倾向。

想下定决心立刻行动，但就是找不到行动的方法。

知名作家玛丽亚·埃奇沃斯在书中写道："如果不趁着一股新鲜劲儿，今天就把自己的想法付诸实施，那么，明天你同样不可能有机会将它们付诸实践；它们或者在你的忙忙碌碌中消散、消失和消亡，或者陷入和迷失在好逸恶劳的泥沼之中。"

如果我们希望自己能够成为一名行动者，那么，我们必须从今天做起。如果我们总是把问题留到明天，那么，明天也许就是我们的失败之日。

有拖延习惯或处于拖延状态的人，其意志力和毅力会被逐渐侵蚀，然后使自己处于一种恶性循环之中。而此时，苦恼、自责、悔恨也会随之而来，但这一切都于事无补，最终我们只能在无力自拔中庸庸碌碌、一事无成。

你想走出拖延的泥潭吗？相信答案一定是肯定的。那么这个动机在你脑海中曾经浮起过多少次呢？我想，我们一直在想，但为什么就是不能马上去做呢？树上栖息着五只鸟，现在，其中的三只打算飞走。还剩下几只？还剩五只！打算飞走和真的飞走完全是两码事。想和做永远都会是不同的两码事。

实际行动是实现一切改变的必要条件。假如不马上行动，而是想得太多，思索得太多，最终都会以没有任何实际行动而告终。所以，不要把期待留在明天，想成就自己，就要从今天开始做起！

淡定从容，
不陷入
情绪多变的怪圈

·

②

心若改变，你的态度跟着改变；态度改变，你的习惯跟着改变；习惯改变，你的性格跟着改变；性格改变，你的人生跟着改变。

"天使之所以能飞翔，是因为他们让自己自在、轻盈。"我们要想活的轻松、自在，就要学会给纠结的心松松绑，敞开胸怀，努力扬起快乐的翅膀。

有时不要过于执着

当你看到一件心仪已久的挎包被别人买走了，虽然你有些遗憾，但你仍会安慰自己，"那件挎包款式虽好，但面料和做工我都看不上，不买也行！"当你追求了很久的姑娘最终投向了别人的怀抱，虽然你很失望，但还是会安慰自己，"她美貌、身材、性格一样都没达到我的要求，并不值得我爱"。看到同事得到升迁，而你还在原地徘徊的时候，虽然你有失落感，闷闷不乐，但你也会暗自告诉自己："职务越高，工作越辛苦，还是我过的比较舒服啊。"

你看，通过这种简单到极点的自我dl安慰，我们是不是会轻松很多。相比那些对于生活中的一些遗憾总是耿耿于怀，遇到失恋甚至哭天抢地的人来说，以上的种种做法，是不是潇洒得多？原来啊，我们的生活可以不纠结，纠结的人只是因为心里放不开。

我有一个朋友，总是哀叹自己命运不济。"如果当初我……就好了"是他每天挂在嘴边的口头禅。有一次大学同学聚会，他遇到了昔日的初恋情人。十余年之后的再度重逢自然感慨良多，当年的如花美眷已经面目全非，而他亦是满面沧桑，不见昨日英姿。

酒席宴上，觥筹交错之间，女同学微微叹息："如果当初我们没有分开就好了，至少，不用像现在这样形单影只……"原来这位女同学的婚姻生活并不如意，已经在不久前协议离婚了，所以她才会发出如此感慨。

他听了一愣，继而很快释然了，想起自己的幸福家庭和一双儿女，还有什么不满足的呢？如果当初真的像女同学所说的没有分开，也未必就好。因为他知道，这位女同学的脾气不好，而自己同样是受不得气的人，当初他们在一起的时候就经常吵架。如果真结婚了，想必不会如现在的妻子一样对自己处处包容。

"如果当初"永远只是个假设，总是拿这种话来哀叹自己当前的不幸，是何其愚蠢的一件事。任何人的生活都不可能总是一帆风顺，既然有快乐就必定会有很多的挫折和困难。很多性格固执的年轻人，当受到挫折时，容易钻进死胡同，情绪坏到极点，一蹶不振、垂头丧气、痛不欲生、埋怨他人、甚至与人对抗等。

有些遗憾和挫折我们必须面对，不必总是执着于一件事。不过需要注意的是，在遇到挫折时自我安慰，固然具有有一定的积极意义，可以缓解我们纠结的情绪，但我们并不能仅仅停留在这一点上。当情绪稳定后，应该冷静、客观地分析达不到目标的原因，从而重新选择目标或改进方式方法。

生活可以不纠结，但这并不意味着你可以放任自流。相反，我们在自我安慰的同时，更应该收拾起纠结的心情，重新振作起来，向着全新的目标进发。

学会正确面对困境

我们都知道："滴水之恩当涌泉相报"，但却很少到说有人要感谢那些折磨自己的事。我们要清楚，折磨你的事不一定都是坏事，它也许会让你从中学会面对伤害、重新审视困难、不停地探索出路，发现一个全新的自己。

要获得一个不同寻常的人生，我们就要学会思考那些折磨过自己的人和事。当我们一颗浮躁的心归于平静后，就会认识到，生命中的每件事、每个人，都会给我们一次成功的力量、使自己得到升华、向更高更远大的目标前进的机会。

著名作家罗曼·罗兰曾说："只有将向别人诉苦的心情，化为奋斗的动力，才是成功的保证。"我们每一个人也应如此，只有学会感谢那些曾经折磨过自己的人或事，才能看见自己心中的宽阔，才能重新认识自己。

每个人拥有的人生都是未知的，有很多事情都是难以掌控和预料的。人生在世，难免要遭受挫折，像不可抗拒的天灾人祸，遭遇浊世或灾荒，患上危及生命的重病，失去朋友或亲人。还有那些发生在生活中的重大困难，如失恋、婚姻破裂、事业失败等。

人生总要经历很多磨难并承受种种痛苦。那些一辈子平庸的人，在面对挫折时，只会听天由命。而那些拥有卓越成就的人则超越了这一切，最终获得幸福快乐。拥有与众不同的人生并不难，只要我们换个角度看待世界，看待问题，对那些曾折磨过我们的人或事持积极的态度。这样，它们就会成为一种促进我们成长的积极因素。

你在遭受工作的折磨吗？在经历失恋的痛苦吗？在遭遇病痛的困扰吗？不管我们正在经历或经受过什么样的折磨，对它们都应该持一种感谢的态度。因为这是命运给我们一次超越自我、升华自我的机会。

生命是经历一次次蜕变的过程，只有经历过各种各样的磨难，才能增加生命的厚度。一个懂得感谢折磨的人，终将发现一个心想事成的自己。或许在别人眼中，视痛苦、困难和失败如毒瘤，但在他们眼中却自有夸姣之处，也正是经历了这些，他们的人生才变得不同寻常。

在这个世界上，除了不曾被人折磨外，没有一件事能比遭遇折磨更糟糕。因为，只有当一个人受尽折磨时，他的潜能才会被最大化地激发出来，而且，唯有此时，他才能战胜挫折，强迫自己去打破现状。

不过，在现实生活中，极少有人懂得感谢生命给我们的那些折磨，他们总是为自己寻找各种理由和借口，遇到一点困难和危险，马上就会退缩，或避开问题前行。他们就像下面故事中的那群学生，事到临头，却没有一个人敢迎难而上。

在一个黑漆漆的房子里，教授带着10个学生过一座独木桥。教授告诉他们，你们什么都不用想，只要随着我走就行了。这10个人跟在他后面，如履平地似的，稳稳当当地走过了独木桥。

然后，教授将屋里的灯一盏盏全部打开，学生定睛一看，吓得面如死灰。原来桥下水池中十几条鳄鱼正往返游动。这时，教授一个人不慌不忙地走到桥的另一端，对对面的学生说："不必担心，我们已经做好了相应的保护措施，非常安全。你们再尝试着走过来看看？"

众人都对着教授摇头，没有一个人愿意再走过去。

沉默良久后，一个学生问："如果我们不慎掉在桥下的网上，把网砸破了怎么办？"

"桥与水池中间的那个铁丝网很结实，即使你们都落在上面也不会发生任何意外。"

又有人问："假如鳄鱼跃出水面，将网撕破，我们岂不非常危险？"

"这个你们大可放心，我们已经做过多次实验，鳄鱼是够不到那张网的。"

教授又解释道。

学生们你一个问题，我一个问题，教授都一一做了解答。当他们所有担心的不确定因素都被教授排除，并确保他们人身安全以后，众人仍是顾虑重重，没有一个人愿冒这个险。

当然，我们也不必责怪那群学生，因为这只是一次实验。然而通过这个实验，我们却可以清楚地看到一些人在遇到问题时的真实表现。生活中，很多事情是我们无法逃避的，同时有些问题和经历也是无法回避的，它们都是人生必须经历的阶段。

正所谓心态决定命运，同样也决定着如何看待那些折磨过我们的事。当你经历过那些事时，又该如何看待呢？因为每个人的观念都各不相同，有什么样的观念，就会得到什么样的人生模式。

如上所说观念决定心态。一个人的人生观、价值观、爱情观、事业观等观念，相互交织在一起，共同左右着他的人生方向，影响着他整个人生的质量。一个人会不会对那些折磨过自己的事心存感激，并从中总结经验，与他的心态、观念是紧密相联的。

每个人都必须清楚，我们是在逆境和磨难中前进的，生命中的每次奔腾也都是在经历了各种磨难后才柳暗花明。正是因为我们经历并超越了这些困境，最终才获得了有意义的人生。

因此，如果我们不懂得感谢那些折磨过自己的事，就会陷入自以为是的思维怪圈，无法自拔；就难以学到在失控中驾驭自我的本领；就无法懂得如何在痛苦中掌握幸福的法则；就不会明白阻碍自己前进的是什么，更不懂如何找到一个更强大的自己。

是那些折磨过自己的事使我们明白了人生中一个又一个哲理，了解自己为什么会陷入人生的泥潭，如何把成功所必需的事情坚持下来。同时，它还让我们明白如何使自己做事的效率和方法得到提高，如何才能让自己变得更加优秀和卓越。

　　如今，社会竞争日益激烈，越来越大的生存压力使人们存在的各种观念受到严峻冲击，甚至破碎。我们遇到的问题越来越多，很多人因此陷入一种失控、痛苦、疲劳、焦急、浮躁、茫然的状态之中无法自拔，这就要求我们要正确地对待那些折磨我们的事。

逆境逆身
不逆心

当今社会，我们并不缺少快乐和幸福。然而，当我们真正俯下身来寻找时却发现，散落满地的原来是一个个困惑着自己的难题和无法突破的障碍。我们甚至觉得，人生就是在逆境中寻找突破，追求理想和快乐的过程。面对那些折磨我们的事，我们需要拥有冲破逆境的聪明和智慧。

生活为什么总是不如意，是自己哪里出了差错吗？

我为什么难以突破现状，是自己的思维陷入怪圈了吗？

我是在逃避生活的本质，还是已经在理想与现实中迷失？

我为什么总是自卑、没有决心和信念，怎么做才能让自己变得更自信？

当身陷逆境，心生困惑，不满足于生活现状时，就会不停地思索产生问题的根源在哪里，并且还可能积极地投入到寻找改变现状的过程中。结果几个回合下来，效果不明显，一切都好像没有太大进展。

当我们身陷生活的泥潭无法自拔时，会反问自己，生活到底哪里出了错？到底什么才是生活的目的和意义？事实上，人生就像一杯水洒在地面上，本质是清澈透明并无色无味的，而一旦落到地面就会被大地迅速吸收，与泥土融为一体。

无论我们落在大地的哪个角落，每个人的人生都会与泥土密切相连。不过，有许多人很难辨清一个真相：最终，自己到底是被泥土吸收了，还是自己吸收了泥土？到底是自己存在于泥土中，还是泥土存在于自己体内？

生活的全部就在自己和泥土之间，但很多时候连我们自己都无法分清自己到底是怎么一回事。想分清现状的欲望和恍惚的感觉让我们不得不停地去思考、探索，自己到底是什么，泥土到底在我的生活中扮演着什么样的角色？

一旦我们试着去发现真相，疑惑、混乱、烦恼、压抑、茫然便会随之而来，自己好像被一股前所未有的阻力所束缚，无法摆脱，更难以超越。此时，我们的生命陷入逆境，然而任何希望光明的出现都会使我们对它充满惊喜、欣慰与渴望。

但是，一切依然像泥土的厚度那样，让我们难以辨清和穿越。甚至有时我们会感觉自己的内心变得有如一团乱麻，好像根本不属于自己一样，还有种深陷泥潭的感觉。我们努力挣扎，但一切却无济于事，没有任何进展。

此时，快乐与幸福的感觉在我们心中荡然无存，一种前所未有的痛苦与迷乱纠结着自己，既无法掌控，又挥之不去。于是，我们开始努力思考生活中突破阻力的方法：

我应该用什么方法改变自己目前不佳的状态？

我将突破哪些思维怪圈？

怎样在失控中学会自我驾驭？

我如何在痛苦中掌握幸福？

我能不能塑造一个更加强大的自己？

是什么在阻碍我们前行的脚步？

是什么让自己深陷泥潭？

如何使自己做事的效能更高些？

如何让弱势的自己变得优秀？

自己能否成为生命的强者？

当以上种种问题摆在面前时，你是否会觉得内心深处有一种无力的感觉，原来面前的一切还不是世界的全部。有时，我们会觉得自己就像盲人摸象，所触摸到的一切并不是真相。眼睛和感觉经常使我们的思维陷入偏见之中，所以想认清自我就不能固执己见，而应学着突破思维意识中的束缚，探索生命中的非常之道。

对于那些身陷困境的人而言，在逆境中生存的智慧就是使其突破困境的非常之道。从逆境智慧中我们会：

　　发现自己到底被哪种思维所束缚；

　　清楚如何去驾驭失控中的自己；

　　明白如何读懂人生的幸福真谛；

　　学会如何去塑造一个更强大的自己；

　　知道是什么在阻碍自己前行；

　　搞清楚自己为什么会陷入泥潭；

　　明白自己怎么做才会变得更加优秀；

　　懂得怎样让自己突破局限，并一点点强大起来；

　　是改变生活，还是被生活改变。

　　在人的一生中，成功和失败只是连接生命的纽带，它只是一种状态的结束，另一种状态的开始。人生不可能永远成功，成功只意味着一个阶段目标的实现，一种理想变成现实。在成败面前，接受和改变的作用就是让人学会忍耐与坚强。

　　一位年轻的女孩正在和父亲促膝长谈，确切地讲，应该是女儿在向父亲抱怨、诉苦。

　　女儿忧心忡忡地对父亲说："我现在感到非常痛苦，虽然我努力地想摆脱它，但是好像已经迷失了方向。问题总是接二连三地出现，弄得我毫无招架之力，我已经厌倦了挣扎、抗拒，但我又不知该如何是好。"

　　父亲低头沉思了一会儿，对女孩说："跟我到厨房看一看吧，也许你能从中发现生活的真谛。"

　　女孩疑惑不解地随着父亲来到厨房。只见父亲打开燃气，烧了三锅水，水沸腾后，父亲又分别把萝卜、鸡蛋和一些咖啡依次放在三口锅中。等都放好之后，父亲示意她和自己一起默默看着锅里的变化。

　　过了一会儿，父亲把锅里的萝卜和鸡蛋捞了出来，分别放在两个碗中。然后，他又把咖啡倒进杯子里。他问："孩子，刚才你都看到了什么？"女孩回答："萝卜、鸡蛋和咖啡，别的就没什么了。"

父亲说："嗯，现在用你的手感觉一下被沸水煮过的萝卜，再将鸡蛋皮打破，然后再尝一尝我给你煮的咖啡，感觉一下味道如何？"

女孩依照父亲的意思，一一照做了，但仍然不知道父亲的用意到底是什么。

父亲轻轻抚摸着已经长大却一时失去勇气的女儿的头，解释道："当它们处在逆境中时，也就是碰到滚烫的沸水时，反应各不相同，原本粗硬、坚实的萝卜在沸水中变软了，被煮烂了；鸡蛋原本非常脆弱，鸡蛋壳在保护着里面的液体，但被沸水煮后，鸡蛋内的液体却变成了固态；粉末的咖啡在沸水中煮了一下竟改变成了水的味道。你呢？我的孩子，你是什么？"

在生活中，每个人都会像这个女孩一样，面对各种烦恼与困惑，但是每个人的成长都需要付出这样或那样的代价。没有人会永远一帆风顺，生活总会让我们面对各种危机。

当你渴望一种更积极的人生，对现状感到不满时，通过接受和改变，会使我们的内心变得更加宽广、乐观，我们的一切也会随之发生改变。接受和改变中蕴藏着一种生命的智慧，更是每个人自我实现与超越的有效工具。

人生需要
突破和改变

当我们的人生状态发生重大改变时，对我们的心灵而言，最好的灵丹妙药就是接受和改变，它不仅能对我们紧张、焦急、悲恸、惊恐等情绪起到调节作用，而且当我们的生活处境每况愈下、十分艰难时，它更是不会抛却，努力拼搏时坚定的眼神，自信的微笑；当我们的思维深陷怪圈无法自拔时，接受和改变就是使我们获得自我突破的勇气和力量。

世事无常，人生难料。汶川大地震发生以后，数以万计的人死亡，几十万间房屋被摧毁，数万人遭灾。对于受灾群众和幸免遇难的人而言，微笑在短时间内是无法重新绽放在他们脸上的。此时，他们最需要的是平定情绪，淡化哀伤，走出惊恐，恢复生活的信心与勇气。

任何灾害都将成为过眼云烟，所有哀伤都会随着时间的流逝逐渐淡化。对于灾区人民及遭受过严峻灾害的人而言，做积极的自我调整，坚定生活的决心、信念是开始新生活的首要条件。此刻，我们应该做的是尽量使自己的内心平静，用积极的心态迎接新的生活。

很多时候，我们常常会有这样的感觉，自己的工作和生活总是难题重重，就好像被思维囚禁的奴隶一样，任由它来宰割。既无力摆脱，又充满渴望。

其实，我们没有必要对此感到害怕，毕竟幸福的到来，总是要经历痛苦的考验。对于每一个追求幸福的人来说，要想接受和改变现状，首先要让自己重视痛苦，然后才能发现人生幸福的真谛，这就是所谓的痛并快乐着。

不要把成功和失败看得太重，失败只是意味着一种状态的结束，另一种状态的开始。人生需要奋发图强，同样也需要信念支撑。无论是花开花落，还是云卷云舒，那些懂得接受和改变的人遇事总能宠辱不惊，去留无意，并保持着正常的生活状态，以及不变的人生信条。

接受和改变无处不在，不管是宇宙万物，还是天地人生。古人云："人生自古多逆境，逆中更有逆道生"，因此，无论我们因何陷入烦恼、痛苦、迷茫，只要我们意识到自己正处于逆境中，接受和改变就会为我们提供一个完美的解决方法。

为什么说"人人都在逆境中"？

逆是一种生命的常态，人生的一切突破和改变，都是在逆境中进行的；生命的所有价值和意义，也都是在逆境中实现的。

每个人都有如困在笼子中的小鸟，习惯在限定的空间里，思索笼外无穷无尽的世界。有些人在笼子中度过一生，并浑然不知；有些人虽发现自己被困在笼子中，却无法摆脱它的束缚，以致慢慢适应了笼中的生活，并确信生活就应该是这样的；有些人则踏破荆棘，走出了身心的囹圄，获得了生活的大境界。

在每个人心中都存在一个世界，不论是大、是小，它都是属于你自己的独特世界。因为世界是以表象的形式存在的，存在于每个人的思维意识里。所以我们既生活在真实的世界，又生活在表象的世界。就像柏拉图的"洞穴理论"一样，我们都生活在属于自己的洞穴内。

柏拉图这样描述自己的观点：

有这样一群人，他们祖祖辈辈都生活在一个洞穴里，他们被铁链锁在固定的地点，如同囚犯，不能回头或四处环顾，只能面壁直视眼前的场景。他们的一生好比在看皮影戏，除了墙壁上的影像，什么也看不到，甚至连回头看一下造成影像的原因都不可能，长此以往，他们便都认为面前晃动的影像就是真实的世界了。

他们不会因此而感到悲伤，更不会有摆脱锁链的动机，因为他们已经对这种生活习以为常。一次，有一个阶下囚在无意间，偶然摆脱了锁链，他回过头来，被耀眼的亮光和洞中的一切惊呆了，这是他生平第一次看到真相。在经历了一段长时间的适应后，他终于明白自己以前看到的都不过是事物的影像罢了。

他为自己突破现状而兴奋，由于这一新的发现，使他的思维意识发生了翻天覆地的改变，同时也让他开始有勇气迎接新的挑战。他不顾刺眼的痛苦和心里的悲伤，毅然向洞口走去。当他第一次沐浴在阳光下，看到真实的世界时，再次感到晕眩。后来，他终于知道太阳主宰着世间万物，是岁月和季节产生的原因。

实际上，我们不也是在按照自己的思维习惯处理身边的事情吗？

有这样一个实验，它可以充分说明这个问题：

实验员将一只蜜蜂和一只苍蝇同时装进一个玻璃瓶中，然后将瓶子平放，并使瓶底朝着明亮的窗户。结果蜜蜂不停地撞击着瓶底，想在那里找到出口，直到力竭身亡；而苍蝇却只用了不到两分钟时间，就从另一端的瓶口逃出了玻璃瓶。

那么，原因到底是什么呢？因为蜜蜂的思维习惯告诉它出口就应该在有光亮的地方，所以它根本就不会看瓶口在哪里，它的脑中早已给它设定了出口的方位，并让它不断地重复着这种合乎逻辑的步骤。现实中的我们又何尝不是如此呢！我们习惯固守在自己认定的思维习惯中。不管这种习惯会给我们的行为带来何种影响，都很难使其有所改变。

世界并不是你所想的那样墨守成规、一成不变的，所以不要觉得一切本该如此。有时，我们很像"坐井观天"中的那只青蛙，以为洞口那么大的天空就是自己所看到的世界的全部；有时，又与"盲人摸象"中的盲人很贴切，觉得只要是自己感觉到的就是真实存在的。因此，我们不能将思维固化，心存偏见，而应积极打破思维怪圈，让自己的视野更开阔，才能抓住事物的本质。

逆境伴随着我们每个人的一生，不管你对现状是否满意，生命都在接受逆境的考验与洗礼。生命的状态可以分为两种：其一是在逆境中自甘堕落、麻痹，沦为时间的奴隶，并在漫长的人生道路上得过且过、苟延残喘；其二是在逆境中奋力抗争，忍受着岁月和心灵的煎熬，抱着坚定的信念逆流而上，并在点点滴滴的收获中感谢生命所赐予的激情与璀璨。

不论身处哪种状态，任何人都不可能一蹴而就，只能一步一个脚印地前进。生命之初，每个人都心怀美好的梦想，都期待未来能够得到幸福。但是，因为突破本身就是一件痛苦的事，过程更是布满艰难险阻，所以很多人因为看不到希望而甘愿放弃，因迷惘而自甘堕落。对他们而言，生命的美好都将就此陨落。

可以说，整个生命就是冲破逆境的过程。逆流而上，我们可以感慨飞溅而起的浪花在装点着人生的锦绣；顺流而下，整个人生都将变得平淡无奇，甚至会让人感觉到命运本身就是在痛苦中等待死亡。

但是，我们必须明白，没有困惑，思索就无法获得动力；没有迷惘，目标就不可能逐渐清晰；没有苦难，幸福便会索然无味；没有困难，奋斗本身便失去了意义。

别被他人的 坏情绪给感染了

　　同事小李最近在做一个很棘手的项目，他做的第一次提案就被打回来重做。时间紧迫，客户要求又刁钻，使他承受着很大的压力，情绪也跌到谷底。

　　从老板那回来后，他又是骂人又是摔文件。本来同事刚才还调整了自己的情绪，打算给客户打个电话问候一下，现在，在他骂骂咧咧的声音中，拿起电话居然不知道说什么好了；同事们和他说话他也不耐烦，很多同事都不敢在这个时候惹他，因为他早就放出话来："别惹我啊，谁惹我，我跟谁急！"

　　遇到这种情况时，你会怎么处理呢？你对他的压力深表同情的时候，是否也因为他影响了你的情绪而表示不满？的确，在生活中，我们的情绪无时无刻都受人影响，并影响着别人。

　　美国夏威夷大学的心理系教授埃莱妮·哈特菲尔德和她的同事通过研究发现，包括喜怒哀乐在内的所有情绪都可以在极短的时间内从一个人"感染"给另一个人，这种感染力速度之快甚至不到一眨眼的工夫，而当事人或许都察觉不到这种情绪的蔓延。我们常有这样的体会：有一段时间，你的领导心情很好，你的同事们都会被感染，大家的默契程度也会提高，做起工作来也都得心应手；如果哪一天，领导情绪低落，那么大家都不敢说话，工作积极性也不高，工作效率也受到情绪的影响。当然，情绪的传染不仅在上下级之间这样明显，事实上，关系越密切，越熟悉的人之间，情绪的感染就会越明显。

　　莉莉是个很爱漂亮的女孩，她下班回家的路上会经过一家首饰店，店里的每个首饰都是她喜欢的，只是她现在的经济状况还不允许她购买。每次走到这里时，她都会停留一会儿，看有什么新品，还常常让营业员拿出一些项链、戒指之类的让她试戴，不过她从来没买过。

一次，莉莉刚进门，就看到营业员——一个她已经熟悉的女孩始终低着头，似乎情绪不太好。其实是她在工作时间发短信，遭到了经理严厉的批评。按规定，店员在工作时间内是不能使用手机的。

莉莉当然不知道这些状况。她对该女孩勾了下手指，使眼色让她过来，想让她拿刚到货的一款项链让自己试戴一下。这次，这个女孩缓慢地走过来，一边拿一边慢条斯理地问她："你买吗？"谁都听得出来，这话有轻视的意思。

这句话严重地触痛了莉莉的自尊心。她也一下子生气了，冲着女孩怒道："我买不买你都要给我拿出来。我是顾客，是你的上帝！"莉莉心情很不好地试戴完，随即很没礼貌地摔门而出。

一路上，莉莉的心里都在不停地骂："神气什么？""不就是个营业员吗？""我买不起，难道你买得起吗？"一路上她没想别的，光顾着骂那个女孩了，以至于在进单元门的时候跟楼下的邻居撞了个满怀，从来不骂人的她竟然本能地吐出一句"神经病"。

电梯等了好长时间还不来，莉莉的心情糟透了。这时，有一个母亲推着一个1岁左右的小男孩走过来。小男孩长得非常可爱，是个"自来熟"，当推车停到莉莉身旁时，他一边双手乱舞，一边冲着莉莉使劲地笑。妈妈随即也弯下腰来，对小孩说："宝宝，叫阿姨……阿姨。"

小家伙今天看来心情很好，"阿……姨！"对莉莉叫完，仰着头，看着莉莉。莉莉不得不对他说："乖！"顺便摸了下孩子的小手，莉莉的手被这双小手抓得很紧。孩子拉着莉莉的手笑出声来。

这时，莉莉真心地被小孩逗笑了。满腔的不愉快突然消失的无影无踪。

在这个故事中，珠宝店的店员因为遭到领导的批评，就把这种坏情绪传染给了莉莉；带着这种坏情绪，莉莉眼中的世界顿时充满了敌意。每个人、每件事好像都在和她作对。直到看到小男孩灿烂的笑容，受到了感染才消除了莉莉的敌意，让她恢复了好心情。

因此，在生活中我们应该懂得自己掌握情绪，既不要让别人的坏情绪影响到自己，也不要让自己的坏情绪影响他人；同时，还要把自己快乐、积极的情绪传染给他人。因为每个人都希望自己快乐，所以当你的积极情绪传递给他人的时候，肯定会被他人所接受。快乐就是一种积极的情绪，是对工作认真，对生活热爱，对美好情感的相信。

积极情绪就是我们因外界的刺激、事件满足了自己的需要，而产生的伴有愉悦感受的情绪。心理专家们认为，保持积极的情绪，并阻止被坏情绪"传染"是非常重要的。那么，怎样才能做到让自己不受坏情绪的污染，又不把坏情绪传染给别人呢？

1.完善自己的个性。

自傲、好胜、自卑、消极、爱面子、虚荣、妒忌、贪婪，这些不好的个性或品质都容易造成一些负面情绪。心理学的研究表示，那些心直口快、心里藏不住秘密的人更容易把自己的情绪感染给他人，因为他们有很强的表达情绪的能力，而内心较为脆弱的人会更容易接收他人的情绪。

2.做自己，不受他人影响。

不要认为什么事都和自己有关系，做事不要瞻前顾后，不要让别人的言行激起你的负面情绪。例如，有一天你在街上行走，原本心情愉悦，看到有个人在街中心叫骂，你马上就感到他是在骂你，或是认为他不应该那样做，所以你也跟着掺和进去，与他对骂，结果，心情必然会变得很糟。又例如，你穿了一件很漂亮的衣服去公司，有同事看到了不仅没夸赞你的衣服漂亮，还说你"看起来更胖"，你的心情会立刻大打折扣。

其实，别人骂街，别人对你的那些评论或言语，与你有何关系呢？别人说话总是有他的目的所在，他说你不好不见得是真的就不好。你做好你自己就行了。

3.有足够的爱心和耐心。

不管什么负面的消极的情绪，一旦遇到了爱，就仿佛冰雪遇到了阳光，很容易就消融了。假如现在有人在你面前暴跳如雷，对你发脾气，你只要始终对他回复以爱心及温情，最后他一定会改变之前的情绪。只要你有足够的爱心和耐心，就能成为有影响力的人。

4.远离现场，先冷静。

在怒火正旺的时候，一个眼神、一句话都可能成为导火线。这时，我们不妨先使自己冷静下来，沉默一会儿后再仔细考虑事情是否真的值得我们生气。一分钟的时间也许是微不足道的，但在发生事端前暂停一分钟却是难能可贵的。美国第三任总统杰弗逊曾说："先数到10，然后再说话，假如仍然怒火中烧，那就数到100。"

这样，绷紧的弦就会慢慢地松弛下来，你的想法可能因此会改变。

5.注意美好的事物。

在你的情绪低落的时候，难免会感到世事艰难，觉得这个世界一点儿也不美好，不过生活中小小的喜悦却是你可以得到的。比如，品尝一道你最喜欢的菜；看一遍使你心中充满温暖或令你开怀大笑的电影或电视等，从这些美好的事物中，你能获得更多的安慰。

别把自己
想得那么糟糕

如果有人问你，你能控制住自己的情绪吗？你可能会说，我控制不了，遇到开心的事，我就高兴；而遇到倒霉的事，我就伤心。

这样的反应也是人的本能。很多事情的发生在某些程度上都会影响到我们的心情。也就是说，我们的心情有时完全被外界环境所控制。当老板辞退了你，当恋人抛弃了你，当你多次的努力仍换不到一个好结果时，你也许会因此变得郁郁寡欢，认为自己是个倒霉的人，总是碰到倒霉的事。

实际上，你只是从事情发生的角度去思考，而没有全面地考虑这些事情的发生究竟给你带来了什么。

有一个年轻人因为失恋，一时承受不了事实的打击，从而情绪低落，已经影响到了他的正常生活。他不能专心工作，无法集中精力，浮现在头脑中的都是前女友的薄情寡义。他认为自己在感情上付出了，却没有得到任何回报，自己很傻很不幸。因此，他找到了心理医生。

心理医生对他说，其实他的处境并没有多糟，只是他把自己想像得太糟糕了。在给他做了放松训练，缓解了他紧张的情绪之后，心理医生给他举了个例子。"如果有一天，你在公园的长凳上休息，还把你最心爱的一本书放在上面，这时候有一个人，径直走过来，坐在椅子上，把你的书压坏了。当时，你会怎么想？""我一定很生气，他怎么会这样故意损坏别人的东西呢！太没有礼貌了！"年轻人说。"那如果我告诉你，他是个盲人，你又会怎么想呢？"心理医生接着耐心地询问。"哦——原来是个盲人。他一定不知道长凳上还有东西！"年轻人摸摸头，想了一会儿，接着说，"谢天谢地，幸好只是放了一本书，要是油漆或是什么尖锐的东西，他就惨了！""那你还会对他愤怒吗？"心理医生问。"当然不会，他不是故意压坏的嘛，盲人也很不容易的。我甚至有些同情他了。"

心理医生开怀一笑："同样的一件事情——有人压坏了你的书，但是你前后的情绪反应却完全相反。你知道原因吗？""可能是因为我对事情的看法不同吧！"对同一事情不同的看法，能引起我们自身不同的情绪反应。很显然，使我们为之难过和痛苦的，不是事件本身，而是对事情的错误的解释和评价。这就是心理学上的情绪ABC理论的观点。

情绪ABC理论的创始人埃利斯认为：正是因为我们常有的一些不合理的信念，才让我们的情绪产生困扰，假如这些不合理的信念日积月累，最后也许会引起情绪障碍。

在情绪ABC理论体系里，A代表诱发事件；B表示个体对此诱发事件产生的一些信念，即对这个诱发事件的看法和解释；C表示个体产生的情绪和行为结果。一般情况下，人们会认为诱发事件A直接导致了人的情绪和行为结果C，发生了什么事就引起了什么样的情绪反应。然而，同一件事，人们的看法不同，情绪体验也不同。

例如，同样是失恋这件事，有的人放得下，认为未必不是一件好事；而有的人却伤心欲绝，认为自己今生都不可能会有爱了。再例如，找工作面试失败了，有的人可能会认为，这次面试只是试试，不过也无所谓，可以下次再来；有的人则可能会想，我认真准备了那么久，居然会没过，是不是我太笨了，我还有什么用啊，别人会怎么评价我。这两类人因为对事情的评价不同，他们的情绪体验也不同。

对上面那个失恋的年轻人来讲，失恋只是一个诱发事件A，结果C是他情绪低落，生活受到影响，无法专心工作。而引发这个结果的，正是他的认知B——他认为自己付出了就必须要收到对方的回报，自己太傻了，太不幸了。如果他换个思绪——她这样不懂爱的女孩不值得自己去珍惜，她现在的离开可能避免了以后她对自己造成更大的伤害，这样他的情绪体验显然就不会像现在这么糟糕。

我认识一个女孩名叫小丽，她大学的专业是中文，毕业后，进入了一家广告公司，拥有优越的工作环境和丰厚的年薪。按说，小丽会过得很好，不会有跳槽的念头。

可是有一次，小丽为老总拟一个活动的演讲稿，但无论怎样都不能让老总满意。小丽硬着头皮改了七八次，可每次都被老总批得体无完肤，还说她完全不是搞文字的料。小丽觉得很委屈，不停地哭，想要跳槽。

她认为是老总故意为难她。自己怎么遇到如此挑剔的老板呢？真是命苦啊！好几天，小丽都陷入这种痛苦的情绪中不能自拔。当然，老总的发言稿也没让她继续写，而是让比她早一年到公司，和她同一母校的师姐代劳了。

对此，小丽非常郁闷。一方面觉得老板针对了她，另一方面又认为师姐取代她的工作伤了她的自尊。

我对她说，工作上的难题，谁都遇到过。遇到了困难没人会高兴，关键在于你自己怎么看待这个困难。没有一个老板会无缘无故地处处为难自己的员工，他大可以开除你。这对你可能是一个锻炼的好机会，我们生活中的很多本领都是在特定的情况下被逼而学到的。你不妨这样想想，并虚心向你的师姐好好学习。她听从了我的建议。

几天后，师姐和她一起写完了演讲稿，老板非常满意，并拍着她的肩膀说："小丽，你还是有潜力的，工作的时候要善于把它们发挥出来呀！"听了老板这样的肯定，她顿时又感觉老板是个和蔼的老头了。这个女孩的认知改变了，因此情绪也改变了，结果也就改变了。

所以，当你心情不好的时候，不妨问问自己，为什么会不开心，是不是自己把有些事情想得太严重了，或是会错了意。换个思维方式，就等于换个心情！

给坏情绪一个释放的窗口

"我刚来到一个新环境，和同事们关系处不好，没有知心的朋友，感觉很孤单，很无助，我都快发疯了。"

"现在我要开始找工作了，可是如今社会，找工作不容易，父母养了我20多年，可是大学毕业了自己还不能养活自己。听到父母的唠叨我就头疼，每天和他们吵架。"

"我一直爱着他，处处都让着他，可他却从来没把我放在眼里，我不想离开他，但有时候又实在有点受不了他。"

在社会这个大舞台上，每一个角色的扮演者，总会面临很多的困难。面对这些处境时，不同的人有不同的处理方式。通常而言，有三种方式：

第一种：睚眦必报，不让自己受到一点的委屈。遭到不公正待遇，或是遇到不开心的事情时，就当场发作，或愤怒大骂、或伤心痛哭，控制不了自己的情绪。

第二种：理智对待，对不愉快的事情先冷处理，然后再想办法解决。意思是，在情绪激动的时候，尽量使自己保持冷静的思考，不做出任何的行动，等冷静思考后再做出反应。

第三种：与世无争，全盘接收所有负面的信息，并将其埋藏在心里。当负面信息堆积到一定程度时，最终将"不在沉默中爆发，就在沉默中灭亡"。

大凡正常的人都懂得这三种方式哪个是最好的，哪种又是不好的。现在闭上眼睛思考一下，当遇到触动你情绪的事情的时候，你会选择哪种应对方式呢？

第二种做法必然是最好的，是明智之举，也是我建议年轻人要学会运用的处世方法。而运用第一种方法的人，遇事冲动，很容易做出让自己后悔的事情来。我常常听身边的年轻人发这样的感叹，"就怪我当时一时冲动才跟她吵了几句，现在觉得完全没必要，她已经不理我了，怎么办啊？""我总是忍不住要骂他，现在回想，多大的事啊！"

在这里我要讲讲第三种方法——一味的退缩、忍让、压抑而不做出任何的情感宣泄行为，影响到身心健康。这种处事方法是无论如何也不能采取的。

和那些心高气傲、自负的年轻人相比，还有一些人，他们出生在农村，家庭条件一般，有些自卑，特别是女孩，本身胆小、脸面薄，社会经历又不丰富，当他们遇到困难，或是遭遇不公正的待遇时，常常将压力埋藏在心里，长此以往，必将心情抑郁，更加自卑和不快乐。

压抑是人在社会化过程中培养的一种防御方式。它使人变得理性和文明。心理学家们发现，压抑的东西不能自己消失，压抑的情绪，如悲伤、喜悦、愤怒、思念等，和心理能量相关，压抑越久，蓄积的能量就会愈来愈多，若不发泄出来，就会让我们心绪不宁，甚至引起躯体疾病，或导致疲惫困倦和免疫力下降。

美国芝加哥郊外有一家霍桑工厂，是一个制造电话交换机的工厂。这个工厂具有较完善的娱乐设施、医疗制度和养老金制度等，但员工们仍不满意，生产状况也很不理想。为究其原因，美国国家研究委员会组织了一个由心理学家等各方面专家组成的研究小组，在该工厂进行了一系列的实验。这一系列实验研究的中心课题是生产效率与工作物质条件之间的关系。

在这一系列实验研究中有一个"谈话实验"，即在两年多的时间内，专家们找工人个别谈话两万多次，并规定在谈话过程中，必须耐心倾听工人们对厂方的各种意见和不满，并做详细记录，对工人的不满意见不准反驳和训斥。结果，这一"谈话实验"得到了意外的效果：霍桑工厂的产量因此大幅度提高。社会心理学家把这种奇妙的现象称为"霍桑效应"。

在霍桑效应中，凭借"谈话实验"，工人们把自己长期以来对工厂的各种不满都发泄出来，从而感到心情舒畅，干劲倍增，工厂的产量也因此得到了大幅的提高。

事实上这也是一个关于情绪的"堵"与"疏"的问题。就如同一个水池，当流通不畅时，渐渐地就会被堵住，水从上边溢出来了。当流通顺畅时，杂质就随水流而去，水池就不会堵了。

生活中，人人都可能遇到不称心的事情。愤怒、抱怨、发泄有时候也并不一定是贬义词，在不伤害他人的条件下，宣泄自己的情绪是有好处的。我曾经看过这样一个故事：

有一个运气很差的水管工。一次，他被一个农场主雇来安装农舍的水管。水管工先是由于车子的轮胎爆裂，耽误了一个小时时间，接着又是电钻坏了，修了半天，等他干完活准备回家时却发现自己那辆载重一吨的老爷车也坏了。雇主只好开车送他回去。到了家门口，满脸沮丧的水管工没有立即进去，他沉默了一会儿，然后伸出双手，轻轻抚摸着门旁一棵小树的枝丫。

等到门打开，水管工开心地拥抱着两个孩子，再给迎上来的妻子一个响亮的吻。在家里，水管工愉快地招待了雇主。雇主离开时，水管工把他送出来。

雇主控制不住自己的好奇心，问："刚才你在门口的动作，有何用意？"

水管工痛快地答道："有，这是我的'烦恼树'。我在外边工作，烦心的事情总是有的，可是我不能把烦恼带回家，不能带给妻子和孩子。于是我就把它们挂在树上，让老天爷管着，明天出门再拿。惊奇的是，通常第二天我到树前去，'烦恼'大半都没有了。"

从这个故事中，我们可以提取这样一个信息，那就是我们需要为自己的情绪找一个出口。例如上面这个水管工的"烦恼树"就是他的情绪出口。那么，我们的情绪出口又在哪里呢？

1.转移思绪。通常情况下，能对自己的情绪产生强烈影响的事情，都与自己的切身利益相关，要很快将它遗忘，确实很困难。这种状况下，我们可以积极地对其进行转移，即设法使自己的思绪转移到一些有意义的事情上，或者主动找知心朋友谈心，或者找有益的书来阅读。当心思有所寄托的时候，我们就不会处于精神空虚、心理空旷的状态。切记：凡是在不愉快的情绪产生时能很快将精力转移到他处的人，坏情绪在他身上存留的时间不会太长。

2.把烦恼哭出来。在你过渡伤心时，不妨大哭一场。哭是释放积聚的能量，调整机体平衡的一种方式，能使心中的压抑获得很大程度的发泄，从而减轻精神上的负担。悲痛之极，痛哭一场，就会感觉好过一点；受了委屈之后，找亲朋好友倾诉一番，流掉委屈的眼泪，便会舒服一些。

不光如此，哭对健康也有一定的好处，在因发泄情绪特别是悲伤情绪而哭时，会伴随眼泪排出一些化学物质，而正是这些物质能引起血压升高、消化不良或心率过快，把这些物质由眼泪排泄出去，对身体是有利的。

3.找朋友倾诉。倾诉会减轻心理的紧张感和压力感。心理治疗中有一种方法叫"表达性艺术治疗"。其中，倾诉是很好的情感表达解压方式。在情绪低落的时候，可以选择向家人或者亲密朋友倾诉，他们不会取笑你。相反，还会给你更多鼓励，同时也能增进双方感情，共同解决困难。

4.运动发泄。运动是一种很好的发泄方法。当你情绪压抑的时候，可以找朋友一起去爬山、打球等，或是去跑步、散步，这样可以把因为愤怒而产生的能量释放出来，从而使心情平静下来。

记住，并非所有的克制都有意义，任何一丝克制都可能引起很大的痛苦。也不是所有的发泄都无价值，任何方式的发泄都会带来快感。请不要压抑自己的情绪，大胆发泄自己内心的不快吧。

最后还要提醒年轻人，宣泄情绪的时候，既不要伤害他人，更不能伤害自己，千万不要选择错误的方式。例如通过暴饮暴食、抽烟喝酒等来放纵自己，那样只会损害到自己的身体。

学会积极地自我暗示

心理暗示，是指人受到外界或他人的愿望、观念、情绪、判断和态度影响的心理特点，是人们在平时生活中最常见的心理现象。它是人或环境以天然的方式向个体发出信号，个体无意中接受这种信息，从而做出一定的反应的一种心理现象。

暗示的作用有积极的，也有消极的。积极的暗示可以使被暗示者情绪稳定、树立自信心及战胜困难和挫折的勇气。而消极的暗示却对被暗示者造成坏的影响。

许多人都有过这样的体会：本来你做了一个发型，自我感觉还行，但是周围人都说不好，不适合你，渐渐地，你就觉得这个发型真的不好了。本来你准备了一份开例会的发言稿，你认为自己写得不怎么好，但当同事说你肯定没问题的时候，你的信心又回来了。实际上，这些结果都是心理暗示作用所导致的。

生活中，我们时时刻刻都在接受着各种各样的暗示，我们所听到的、看到的、所感受到的一切都是一些暗示，并根据属性的不同产生不同的影响。尽管没有意识到这一点，但这些暗示在潜移默化地影响着你的生活。

有一个女生，家庭很困难，靠亲戚们的支持，考上了大学。她在学校认真学习，毕业后找到了一份满意的工作。

因为她的勤奋和努力，工作上突出业绩给她带来了良好的口碑。每个月的工资，她总是不舍得花，要拿去还给当初供她上学的亲戚们。所以，同事和朋友们的约会她一般都拒绝，而且自己也从来舍不得花钱买衣服和化妆品。除此之外她性格很内向，所以朋友并不多，在她的心里有些自卑和无奈。

一次，她无意中听到部门几个同事在背后议论她，一个同事说她总是穿得很寒酸，一副倒霉像。另一个同事说，她家里没钱，估计很自卑。

她本来工作能力很强，发展前途也很被上司看好，但是因为缺乏自信，胆怯又害羞，再加上同事们对她的消极暗示使她愈加自卑起来，做起事情来缩手缩脚，在工作上刚树立起来的信心全部被消极暗示取缔了。如果她当初没有听到同事们对她的评论，所有这些缺点她都可以逐渐地克服掉，工作上的成就完全可以让她的自信心一点点树立起来。

许多的年轻人，就如同上面这个女孩一样，不是被竞争对手打败，也不是因为自己的能力不行，而是吃亏在自己的信心上。也许他们的条件确实不如周围的人，或许他们真的有理由觉得自己不够好，但是如果一直暗示自己"我很差"、"我的命不好"、"我真的不如别人"，这样就可能真的很差了。这不仅会影响到自己的心情，让自己有自卑的情绪，还能影响到生活和工作中的成败。

王丰是个快乐的小伙子。"我能行！我是最快乐的！"是他每天早上起床后对自己说的第一句话。每天醒来躺在床上回忆着昨天完成的工作，想着昨天快乐的活动，想着有个快乐的团队，想着一会儿就能见到那帮年轻的同事……想起来就兴奋。他迅速地洗漱完毕，叠好被子整理内务，这一连串的动作一般都在极短的时间内完成，这就是他的"心理暗示"，他一直暗示自己：我要马上见到快乐的一切。

工作上常常遇到困难，他总会对自己说："办法总比问题多。只要我去做，努力地去做，用心地去做，任何事都能完成。"他反复地对自己强调："我能行！我可以把这个办得更好。"当他感觉累了的时候，他总会对自己说："我累了，别人比我更累。坚持一下，就过去了！"每次不开心的时候，他总会对自己说："我的一生是要在快乐中度过的，生气就是浪费生命。"

他一直不停地对自己暗示那些积极的话，同时他也拒绝消极话语。对于那些烦心的事，他让自己尽量不去想。例如，他深夜一个人开车路过弯曲的小道时，尽管他知道"这条路不好走，常常出事。"但他会给自己暗示："虽然路不好，但只要慢点开就不会有事。"当有人在他身边抱怨"生活不容易，工作难，心情烦……"时，他会快速地离开，因为他害怕这会成为自己的影子。他强迫自己马上让这些东西从脑子里消失掉。

对于别人的心理暗示，王丰选择积极的，回避消极的。因此，他成为了一个只喜欢听积极话的人，因此他也很快乐。

积极的自我暗示，可以消除忧郁，克服怯懦，恢复自信，激发兴奋点，把自己的心态、情绪调整到最佳状态。对自己进行积极的心理暗示，其实很容易。

1.走路挺胸抬头。

人的走路姿势与步伐是和人的内心体验有很密切的关系。常常挺胸抬头，走路步伐有力，速度稍快，有利于增强我们的信心。那些走路垂头丧气的人，即使他的生活空间里万里无云，他也仿佛生活在暗无天日的环境中；而那些昂首挺胸的人总是自信满满、永不服输，或许他正在经历人生的起伏跌宕，但自信会带领他走向阳光明媚的一天。年轻人走路就是要朝气蓬勃，昂首挺胸。

2.学会自我微笑。

人在信心满满时，会满面春风，面带微笑。笑是人自信的表现，是人快乐的象征，笑和自信的体验是相同的。常常微笑，内心就会自然滋长自信的体验。不要认为没什么值得笑的，或是不知道怎么笑。其实，只要你笑了，哪怕只是假装地笑，你的心情也会随着微笑而有所改变。

3.找到快乐座右铭。

我们在学校的时候，老师常常会问我们的座右铭是什么，因此我们都会找出一句自己喜欢的名人名言，作为奋斗的目标和准则。如今提到座右铭，可能有些年轻人认为很老套，它对你其实有一个激发和鼓励的作用。常写一些鼓励自己的话语，悬挂在房间的墙上，并常常默念，能激发你的上进心，增强你的自信心。例如"你只要生气一分钟，便丧失了60秒钟的快乐。""快乐是一种心境，跟财富、年龄与环境无关"等。

假如你有了快乐的思想和行为，就会感觉很幸福！

不惧逆境，才能轻松应对逆境

3

伤害、困难、失败……正是这些折磨过我们的事，让我们明白了人生中一个又一个哲理，了解自己为什么会陷入人生的泥潭，如何把成功所必需的事情坚持下来。同时，它还让我们明白如何使自己做事的效率和方法得到提高，如何才能让自己变得更加优秀和卓越。

伤害是生命的特殊礼物

伤害是获得成功的催化剂。一个成功的人绝对不会在成功的道路上顺风顺水的，他们大多都是在经历了种种挫折与打击、伤害与跌倒之后，痛定思痛，重新审视自己。当回首曾经伤害过自己的那些事时，他们不会心生恨意，而是多怀感激之情，因为正是这些事促使自己获得了不平凡的人生。

我曾看过《伤害，也是生命中的一件礼物》这本书，这是一位中年医生写的一篇关于自己的文章。文章中，作者为我们讲述了一段自己的亲身经历。

他是一名退伍军人，学历不高，高中毕业就去当兵了。在部队退伍后，没有一技之长的他在一家印刷厂谋得了一份送货的工作。工作虽然又累又苦，但毕竟有了一份不错的收入。于是，没有太高奢求的他打算在那里安心的做下去。

一天，老板让他把一整车书送到某大学的七楼办公室，这一整车书足有几十捆。按照吩咐，他来到老板指定的地址，可当他将一捆书扛到电梯口等候时，一位三十多岁的保安走过来，说：“这电梯除了教授、学生可以搭乘外，其他人一律不得使用，更不能当货梯用。所以，很抱歉，你必须爬楼梯上去。”

此时，他简直不敢相信自己的耳朵，心想这么多书，让他爬楼梯上去？那么多捆来来回回的还不得把自己累死啊！一想到这儿，他马上向保安解释：“这么多书，我一个人怎么爬楼梯送到七楼啊，身体也承受不了。再说了，这些书可都是你们订的啊！”

保安听后，面无表情地瞥了他一眼说：“这些都跟我无关，总之电梯归我管，运书是绝对不行的。至于如何运上去那是你的事。更何况你本来就是负责送货的，爬个楼梯对你来讲也不算什么大事吧。难道爬楼梯上去还委屈了你不成？”

他一听保安竟说出如此过分的话，顿时气不打一处来，气愤地说："哼！你不就是个看大门的吗？有什么好牛的？老子从前也是扛过枪的，少在我面前摆威风。"这样一来，保安也气由心生，死活不肯让他乘电梯上去。结果两个人你一言我一语吵得不可开交。

两人在电梯口争吵了半天，最终保安还是不让他乘电梯。面对保安的无理刁难，他不想在保安面前失去面子。最后，他心一横，空手乘电梯上了七楼，把所有的书都放在了电梯旁。然后，告诉订书的老师，书已经送到了楼下，你们派人去收一下吧。

回到家后，他将自己反锁在屋里。刚才被保安刁难的那一幕一直在他脑中挥之不去，这让他觉得自己的尊严受到了极大侮辱，越想越憋气。心想，再怎么说我也是高中毕业，为什么一定要做这样的工作呢？最后，他痛下决心，辞去工作，重返校园专心读书，发誓一定要考上大学。只有这样，才能找到一份像样的工作，将来才不会被别人瞧不起。

在当时的环境下，对他来说作出这样的决定是需要极大的勇气和决心的，同时也将自己置身于绝路。在读书的过程中，每当他想偷懒、懈怠时，保安不准他乘电梯的事就会立刻浮现在脑海里。因此，他马上就会打起精神，继承努力学习。最后，他终于如愿以偿地考上了某大学的医学院。

如今他在当地已是一位远近闻名的医生。他已经能心平气和地说起当年那件一直折磨着他的事。他在文章的结尾说："如果，没有当初保安对我的无理刁难和歧视所造成的伤害，我又怎么能有今天的成绩呢？现在，我应该感谢那名保安，是他成就了我不平凡的人生。"

在工作中，由于上司的无理刁难，我们可能做起事来非常困难。如果一日不加班，工作任务就完成不了，每次要想使问题得到解决，就不得不全力以赴。对于工作中的失误，也许上司不会给我们留情面，甚至会当众将我们骂的狗血喷头。也许你心里曾因此千万次地咒骂领导，而将自己能力的大幅度提高归功于自己的勤奋和努力。

面对现实中所受到的伤害，新东方总裁俞敏洪老师发表过这样的看法：

人的生活方式有两种，其一是像草一样活着，你尽管活着，而且每年还在成长，但你终究只是一棵草，尽管你吸收了阳光雨露，但却永远长不大。人们可以随便地将你踩在脚下，却不会因你的痛苦而让他产生痛苦。人们更加不会来怜悯你，因为人们压根就没有把你放在眼里。

通过这段话，我们每个人都应该像树一样成长，即便现在我们什么都不是，但只要你有树的种子，即使被人踩到土壤中，你依然能够吸收土壤中的养分，让自己不断成长壮大起来。

实际上，每一个成功的人都难免碰到一些不同程度的伤害。当伤害降临到自己身上时，我们或许会对那个让自己受伤的人恨之入骨，甚至于怨恨、报复或打击。虽然最终我们不见得能如愿以偿，但在我们心中多少会埋下对他们仇恨的种子，更有甚者会时刻不忘寻找机会报仇血恨。

在生活中，能让我们受伤害的事有很多。比如一个轻视的眼神，一次咄咄逼人的刁难，一次直言不讳的批评，一顿突如其来的拳脚……假如我们用一个笔记本来专门记录这些事情，我们肯定会感到生活的艰难和命运的坎坷。然而正是由于这些事，才让一个个平凡的人变得卓越非凡，让那些碌碌之辈成为人们崇拜的偶像。

在历史的长河中，勾践为什么要卧薪尝胆？司马迁为什么受到宫刑后反而更加努力地撰写《史记》？他们之所以名垂千史，是因为当伤害降临时，他们能化悲痛为力量，更加执着、坚定于自己的信念，为了目标义无反顾。伤害，激发了他们身体中的潜能，让他们获得了前所未有的勇气和力量。可以说，是伤害成就了他们不同凡响的人生，让他们从平凡变得不平凡。

一般情况下，当我们遇到针锋相对的竞争对手时，心里会恨不得一脚把他踢开，只有这样才能尽享太平。然而你却不明白，正是因为竞争对手的存在，我们才会勤勤恳恳，一刻也不敢懈怠地工作。现在，想一想当我们受到伤害时，又将如何面对呢？是对那些事耿耿于怀，怀恨在心，还是若有所得，虔诚感谢？选择权在你自己手中。

[客服的困难越多，
成就越大]

在人生的道路上困难是不可避免的。是好事，还是坏事，要因人而论。在困难中，有的人在思考，有的人退缩，有的人击败了它，有的人则在它眼前倒下。那些击败困难的人感谢它，畏惧困难的人则憎恶它，你又属于哪一种人呢？

有这样一个故事，是关于一个乞丐和一个富翁的。他们同时迷了路，并走进一片森林里，但几天之后，富翁饿死了，乞丐却依然活着。

这令很多人费解。后来，有人问乞丐其中的奥秘，乞丐一笑说："其实很简单，因为平常我对饥饿已经习以为常了，即便在森林里找不到吃的，我也懂得用草根充饥。但富翁却不同，他平日里吃的都是大鱼大肉，怎么会想到草根也能充饥呢？所以，他饿死了，而我还活着。"

人生缺了困难就好比是画布被撕去一角是不完整的。假如一个人总是生活的养尊处优，那他将会逐渐失去应对困难的能力。生活亦然，如果一个人总是一帆风顺，那么一旦碰到逆境，他与别人比起来会显得更加脆弱。

有一位动物学家曾做过这样的研究，他通过对生活在同一条河两岸的羚羊群进行观察。发现东岸羚羊群的繁殖能力远远比西岸羚羊群的强，奔跑速度也要比西岸的羚羊每分钟快13米。而这些羚羊的种类和生存环境是完全相同的，食物来源也一样。

在接下来的研究中，他发现了谜底。他在东西两岸各捉了10只羚羊，并将它们分别送往对岸。结果，运到东岸的10只羚羊一年后繁殖了14只，而运到西岸的10只则变得懒惰萎靡、体弱多病，最终只存活下来3只。

为什么东岸的羚羊如此强健呢？原来在东岸生活着一个狼群，西岸的羚羊变得如此弱小，就是因为缺少天敌。大量事实证明，有天敌的动物会逐渐繁衍壮大，而没有天敌的动物通常则最先灭绝。

无独有偶。记得有一年，芬兰维多利亚国家公园应广大市民的要求，将一只在笼子里关了4年的秃鹰放飞。但3日后，当那些爱鸟者们还在为此善举津津乐道时，一位游客却发现了这只秃鹰的尸体，在离公园不远处的一片小树林里。

秃鹰原本是一种十分桀骜的鸟，甚至可与美洲豹争食，这只秃鹰究竟是怎么死的呢？解剖发现，它的死因竟是饥饿。由于它在笼子里被关得太久，长时间的阔别天敌，最终失去了原有的生存能力。

生活中有困难并不是一件坏事。或许正是因为困难的存在，我们才获得了出乎自己意料的成功。究其原因，就是当我们遇到困难的事时，便开始思考，从而变得更加有勇气和毅力，甚至在困难中发现了更好的成功方法。

在爱迪生璀璨的一生中，他与困难结下了不解之缘。如果不是因为碰到那些不可胜数的麻烦事，恐怕他也不会得到那些令世人瞩目的伟大发明。

在他小的时候，因为家里很穷，连书都买不起，实验用的器材对他而言更是一种奢望。面对这一难题，他想到了收集各种不同的瓶罐来代替实验用的器材。一次，他在火车上做实验，不小心引起了爆炸，列车长当即给了他一记耳光，结果他的一只耳朵被打聋了。后来，他患上了严重的失聪症，只能勉强听到外界分贝较高的声响。然而，他却认为，与其被动地听外面那些毫无意义的声音，还不如让自己待在一个"安静"的环境里，专心读书和思考。

无论是生活上的困苦，还是身体上的缺陷，都不能使他丧失对生活的信心。在发明电灯的过程中，他先后用1600多种不同的耐热材料进行了实验，面对一次次的失败，他并没有气馁，而是乐观地认为，自己至少知道哪些材料可以放在一起使用。正是在一次又一次的失败中，他获取了一项又一项的发明。据统计，在他的一生中留给这个世界的发明共有1093项。

说到这里，我不得不提一下拳王阿里。在1973年3月底，圣地亚哥举行的一次拳击比赛中，阿里被名不见经传的肯诺顿打坏了下巴，以惨败收场。

这一事件令舆论界为之哗然。紧接着嘲讽、谩骂的信件如雪片般飞来，他的纪念章也被减价处理。面对这种情况，阿里并没有灰心丧气，而是将惨痛的失败化为动力，毫不松懈地苦练。终于，在数月后的洛杉矶比赛中，将肯诺顿打败，重新拿回了属于自己的胜利。

据统计，古今中外的很多著名人物都是在困境中获得成功的。有人专门翻阅过国外293个闻名文艺家的传记，惊奇地发现，其中竟有127人在生活中遭受过重大困难。通过他们的成功经历还发现了一个共同特点，即困难——奋起——成功。所以从某种意义上来讲，困难是生活给我们的特殊礼物。

正如那句歌词："阳光总在风雨后，雨过后有彩虹"，任何成功，都是在不断地击败磨难和打破困境后逐渐获得的。一位智者曾说："世界上只有一件事比碰到折磨还要糟糕，那就是从来没有被困难折磨过。"

我们要学会在困难中自我反思，那些困难的事对我们而言或许是一件好事。很多人在碰到对手后，总是忍不住咒骂对方，或者因此失魂落魄、无所适从。事实上，我们应该为自己拥有一个强劲的对手而感到庆幸，正是有了他们的存在，我们才会不断地提高、变得强大。

当今，各个领域的竞争都变得日益激烈，那些成功的人之所以能够在激烈的竞争中脱颖而出，并最终成为各个领域的佼佼者，这与他们在困难面前无所畏惧密不可分的。因为正是它们的存在才让自己拥有了普通人所不具备的坚忍，勇于拼搏，不断进取的精神。

在现实生活中，要想生活，就必须面对困难，因为我们每个人都有自己的理想、愿望和追求，不论是精神上还是物质上的，它们都是我们的一种主观渴求。在实现它们的过程中，常常会和客观现实发生矛盾或冲突，因为我们不可能想要什么，就马上得到什么。

我们只有做好充分的思想准备，在面对突如其来的困难时，才不至于被吓倒，才能把困难变成激励我们奋勇前进的动力。正如奥斯特洛夫斯基所说，"人的生命似洪水在飞跃，不遇岛屿和暗礁，难以激发起锦绣的浪花。"

面对困难，一个积极乐观的人会从中发现成功的方法，而那些只知感叹自己命运不济的人除了诉苦什么也不会得到。只有懂得感谢困难，才会在困难面前鼓起勇气，积极采取方法应对，而非产生情绪上的不安、忧虑、愤怒、冷漠。

困难不但会阻碍一个人的追求，同时也会成为一个人在前进的道路上取之不尽、用之不竭的动力源。在困难面前，越是情绪不稳定，越容易遭遇失败。一个人一旦陷入消极和失败的恶性循环，最好的办法就是将注意力尽快转移，消除内心的痛苦，让自己的心情尽快平静下来。

在人的一生中，他所获得的成就与他所遭受的困难是成正比的，一个人克服的困难越多，取得的成就就会越大。蝴蝶的美丽源于它勇敢的破茧。困难的彼岸就是胜利，咬紧牙关，蹚过这条河，你的人生将会灿烂无比。

困惑激发我们更前进

那些令我们感到困惑的事，不仅对我们的耐心是一种考验，同时还搅乱我们的生活，折磨得我们身心疲惫。正因有困惑的存在，我们才会更加兴趣盎然地追求和探索。所以说，困惑是一种激发我们不懈寻找和前进的动力。

除非你没有欲望，否则一旦想得到什么，或弄懂什么，困惑便会随之而生。生活在这个繁华的世界，任何人都不可能没有理想和追求，生活中有太多值得我们向往的东西，有太多需要我们去解决的事情，这是任何人都不能回避的。

想一想自己走过的路与自己的现状，一切都将找到答案。不必用"无欲无求"来掩饰，其实，我们大可不必对现实的困惑退避三舍，也无须对其避而不谈。有困惑是很正常的事情，它将伴随我们每个人一生。

对于一个积极的人而言，困惑不见得是一件坏事，正是因为这些困惑自己的事，才使自己一次次地开动脑筋，积极寻找，最终突破困难，实现人生的价值和意义。一切积极的结果，都取决于我们面对困难时的心态和行为。

以不同的心态去面对同样的困惑，得到的结果会大不相同。以我们非常熟悉的万有引力的发现为例。当苹果落在牛顿头上时，牛顿挠挠头心想，这个苹果怎么回事，为什么一定要向下落？还正好砸在了自己头上？对此产生的第二个困惑，他很快便得到了答案，这是由于自己刚好站在苹果的下面，完全是个巧合。

第二个困惑很快找到了答案，那么第一个困惑又如何解释呢？为什么苹果非要向下落，而不是向上落呢？假如当时你是牛顿，对这一现象做何解释？也许你会想，苹果有重量，当然要向下落了，不向下落才有问题呢！带着这个自圆其说的谜底，你不禁一笑，然后把砸着自己的苹果吃掉。

随着这个苹果的下肚，一个伟大的发现"万有引力"也将化为乌有。因此，我们要庆幸，苹果砸在了牛顿的头上，而非砸在我们头上。他不但没有带着困惑将苹果吃掉，反而陷入了深深的思考，或许当时他还拿着这个苹果重新演示，然后再将苹果换成其他水果、器物，最终得到的结果都一样，一律向下落。

"万有引力"就是在这样不停的试验与寻找中获得的。在一个天才身上，一个微不足道的困惑就能产生奇迹。在知道了"万有引力"后，他又开始思考下一个问题，一个人如何挣脱地球的引力，应该达到什么速度才能逃出这个引力。于是"第一宇宙速度"也在他的不停探索中，得到了答案。

牛顿有足够的理由感谢"苹果落地"这件事，正是这个苹果带来的小小困惑成就了一代物理学巨匠。面对困惑，我们又是如何做的呢？相信很多人在遇到"困惑"时会绕道而行，人生苦短何必跟自己过不去呢！也许即便我们绕开了很多困惑，却依然有太多的问题困扰着我们，但我们仍然不会被困惑的事打动而对它充满感激之情。

美国有一部电影叫《功夫熊猫》。这是一部励志味很浓的电影，看完电影后，很多人都陷入了深思，小李就是其中之一。此刻，第一次岗前培训课的情景浮现在他眼前，历历在目。

记得那时，小李刚刚大学毕业，但是很幸运，不久就和一起毕业的几个同学共同进了郑州瑞龙集团。这是一家以制药为主的企业，出于工作的需要，上岗前必须接受一段时间的专业知识培训。正是那个时候，小李认识了公司的销售部总经理陈先生。

陈先生刚刚30岁出头，性格温和，每次讲话条理都非常清晰，思维也非常敏捷、活跃。他讲话时有一个特点，总是面带微笑地站在员工中间，从来不坐在培训室的讲台前。因此，和小李一同参加培训的同事都非常喜欢听他讲话。

记得有一次，在培训课程快到尾声的时候，他向大家提出了一个问题：你的理想是什么？这个问题在上学时就经常被问到，一个年纪稍大一些的同事抢先发言说："我的理想是精彩地完成自己的工作任务，做一名成功的职业经理人。"

他点点头，面带微笑地说："这个理想不错，你有这个想法多长时间了？"

此同事面带自豪地说："在我刚毕业时，我的理想就是要做一名成功的职业经理人。到现在大概已经5年了。"

陈经理又问："想了这么多年，到现在还没有实现，原因是什么呢？"

听到这个问题，那个同事显得有些尴尬，忙解释道："这个问题也一直困绕着我，对我而言，实现这个目标并不算是什么难事，并且我对此已经有了一个完善的构想和计划。至于为什么到现在还没有实现，或许是时间还没到吧。"

"为什么只有一个构想和计划，有完整的实施方案吗？假如你想得太多，而做得太少，那么这个问题将会一直困扰你。"

听到这个回答，他才恍然大悟，为什么至今自己仍未成为职业经理人，原来问题的关键是自己只是在想，却没有付诸实际行动。

遗憾的是，很多人在很多年以后仍然守着那个困惑自己的问题。我们不能将问题的答案都寄托在他人身上，不是每个人都能像小李以前的那个同事一样，能够得到别人的帮助，在别人的引导下获得解决问题的关键。

对于困惑自己的事，只有自己主动寻找答案，才能从中获得更大的启示和发现。它们是一种激发自己不懈寻找和前进的动力。如果我们想获得更大的突破与成功，就必须重视它，面对它。

失败并不是
一件坏事

　　成功也好，失败也罢，都只是一种暂时的状态。对一些人而言，失败意味着一蹶不振，成功意味着高枕无忧；而另一些人则清醒地认识到，失败只是对选择错误的暴露，是帮自己发现问题的好途径。在失败中，他们幡然醒悟，对自己和外在有了一个更准确的认知。

　　相信很少有人愿意与"失败"打交道，甚至认为它充满了恐怖和厌恶。但事实却是，每个人都无法回避与它不期而遇。比如升学失败、工作失败、爱情失败等。

　　失败更恰当地说应该是一种证实，而不应将失败看成是一个贬义词。至于它证实了什么，则与每个人的认知和心态有关。失败了，有些人能及时放手，见风使舵地转变方向；有人感到失望，于是悲观、放弃；也有人从中发现问题的症结，吸取经验，爬起来继续为了目标前进。

　　对优秀的人而言，失败常常是他们最大的机遇。在失败时，他们能幡然猛醒，要么发现了问题的所在，要么悟出生存的道理。总之，每次失败降临后，他们都会满怀开心、极度高兴，"痛并快乐着"就是最好的写照。

　　接下来要说的这个人相信大家都非常熟悉和崇拜，他的功夫可谓家喻户晓，他的影片，如《唐山大兄》、《精武门》、《猛龙过江》、《龙争虎斗》更是一次次地创造了票房神话，成为永恒的经典。相信大家都已经猜到了，他就是各电视台热播过的电视连续剧《李小龙传奇》中讲的那个李小龙。

　　李小龙生于美国三藩市，童年和少年是在香港度过的。幼时，他身体非常瘦弱，父亲为了使他体魄强壮，在7岁时便教其训练太极拳。13岁时，他又跟随叶巨匠系统地学习咏春拳，同时还练过洪拳、白鹤拳、谭腿、少林拳等功夫。

由于他年轻气盛、又身怀武功，在香港打架斗殴便成了他的家常便饭。最后，终因树敌太多，在香港无法立足，无奈之下，父亲将他送往美国念书。在美国西雅图上学期间，他竟一反常态安心地读起书来。

任何一个热爱搏击的人一旦与中国经典哲学，如《周易》、《老子》等相识、相知，总会不觉间对搏击产生新的领悟。而他最喜欢读的就是中国哲学，他对哲学的痴迷，使他对技、招有了更深的理解。

在功夫有了很大进步后，他迫不及待要做的事就是与人切磋。一出手，果然不同凡响，身边的人没有一个是他的对手，就连空手道三段的木村也在他面前毫无还手之力。他年纪轻轻，才20岁上下就能有这么好的功夫，难免产生傲气、狂妄、目空一切的心态。他甚至觉得自己在西雅图已经是无人能敌的第一高手了。

如果不是接下来遭遇了一连串的失败，恐怕那种傲气与张狂将会一直伴随着他。日本空手道高手，山本冈夫的出现让狂妄的他吃了不少苦头。一和山本冈夫过招儿，李小龙傻眼了，想打打不到，想踢踢不着，自己空有一身的好本事，在他面前却无施展余地。惨败后的李小龙甚是不服，一气之下又闯到人家的武馆一探究竟，结果还没进门就被一个铁人难住了。在铁人跟前，任凭他拳打、脚踹，铁人仍是稳如泰山，丝毫不动，而山本冈夫一招下去，铁人就顺势横躺在地了。

再次败在山本冈夫手下的李小龙终于醒悟，清楚地认识到自己和一个真正高手之间的差距。头脑不再狂热的他终于静下心来思考问题，他在技艺上所取得的突破也与这两次失败后的醒悟紧密相连。也可以说，如果没有这两次失败的教训，就没有他以后在武学上取得的卓越成就。

之后，他对武学的痴迷研究与思考，似乎已经在向我们明示着一个属于李小龙技艺时代的来临。他将哲学和一套属于自己的理论体系融入到武学中来，并对复杂的技艺体系进行简化，将技艺的核心理念用"攻""防"两个简单的字来阐释。

他独具特色的武学逻辑与思维。在大学体育老师伊诺教授的眼中，自己对武学的理解与李小龙的观点比起来可谓相形见绌。李小龙认为，技艺的本质就是格斗、搏击，用最简单的方式将对方击倒。而他在技艺搏击中的攻、防，以及攻中有防，防中带攻的观点更是将技艺的精髓说得入木三分。

此时的他，已经认识到过分看重成败的弊端，就是一个人如果太在乎胜负，在格斗中他的身体就会容易僵化，而只有忘记这一切，才能让自己心静如水，使身体变得灵活，让自己为所欲为地自由出击。

对于如此大的提高，他实在应该去感谢那个让他一败再败的山本冈夫。是失败让他醒悟，懂得以平常心去对待比赛，用良好的心态去面对对手。同时，他也开始明白如何在比赛中保持头脑清醒，摒除自满与邪念，积极发现自己的不足和别人的长处。

之后，他有了一个想法——创建一种新拳术，这就是后来风靡世界的中国功夫"截拳道"。为了实现这个理想，他积极向他人请教，甚至不惜打出"愿意在任何时间、任何地点，接受任何人挑战"的挑衅牌子。"明知山有虎，偏向虎山行"，并且对那些能打败自己的对手心存感激之情，这就是李小龙。正是抱着与人切磋、虚心学习的态度，在1964年加利福尼亚举行的全美空手道比赛上，年仅24岁的他横扫所有选手，取得了冠军。

通过李小龙的亲身经历，我们知道失败并就是一件坏事。失败如同风雨，会让人在风雨中练就强健的体魄，坚定的意志；失败如同绳子，坚强的人可以借助它勇登高峰；失败又像一面镜子，可以使人从中找出自身的不足，弥补缺陷。同时，失败也是一种收获，更是人生弥足珍贵的一扇门。我们常常会说"失败是成功之母"，如果一个人想获得突破和成功，就必须具有不怕失败的勇气和精神，甚至还要对经历过的失败持感激之情。

别让你的控制欲绑住了自己

由一个成语叫作茧自缚，生活中的我们，常常为那些不该操心的事操心，冥冥之中似乎有一条隐形的绳子在捆绑着自己。我们对所有的事情都不放心，什么时候都想亲历亲为，认为只有这样才让人放心，无形之中，我们把自己捆绑了起来。

老梁是一家公司的总经理，现在公司业务已经上了轨道，照理说应该很轻松才对。然而老梁每天却过的很辛苦，他自己也搞不明白问题究竟出在哪里。直到有一个周末，他出门遛狗，看到爱犬总是努力地想挣脱自己的控制，这才恍然大悟。

他一直认为自己在遛狗的时候，只是有个不肯松绳的习惯，没想到时间久了不但狗痛苦，连他自己的活动天地，也被局限在绳子那么长的距离了。

仅仅是为了使秘书手头一张简单的图表做到满意，他身为一个堂堂总经理，为了这点事竟然要耗费整个下午站在她身后指挥。

"把图再向上移一点……把图向下移一点……这边的用词不合适再改用原来的好了……"总经理一手摸着下巴，若有所思地反问："你感觉现在这样如何？"

"不错。"

秘书铁青着一张脸说。费了她九牛二虎力来做最终还不是以咆哮作为回答，反正她提的意见也不能算数，他还不是按照自己的意思一一改了？最后，还问她的意见有什么意思？

总经理看到她一副冷冷的模样，权当她是累了，便语重心长地劝告她："浪费我一下午的时间，都是为了教你怎么写好一份专业的报告，你可要好好学着点！"

她毕恭毕敬地答道："是。"虽然嘴上不说，心里却想，"难道将报告里的图向上移2厘米或是向下移2厘米就能够分出专业和业余了吗？"

在她刚刚毕业初入职场的时候，她是多么庆幸自己能遇到这样一位热心的主管。在工作中，曾给她那么多善意的帮助和指导。然而，同样的事他已经做了快一年了。她终于发现原来他的目的是享受指导别人所带来的乐趣，而并非完全在指导她。

都一年了哦！难道是自己表现的太差劲？不然为什么她每次呈上去的东西都会被他反复删改？搞得她一点成就感都没有。

明明把东西交代给了别人自己又不肯放手，什么都想自己做；总是对别人的成品有很多意见，认为自己的想法才是最好的；没耐心等别人琢磨，没几下就决定插手；还经常怨叹没人明白自己的苦心，常常独自叹息："唉，真是好心被当成驴肝肺！"以上这些就是凡事都要亲力亲为的典型特征。

以前有位朋友很喜欢遛狗。

他认为遛狗，就要养一只体型很大的杜宾犬。晚上带将雄赳赳、气昂昂的它带在身边逛大街，牵狗的人也能跟着威风。但妻子的意见却有所不同，她认为还是养只小狗在一旁跟着跑更省事。

大体型的狗偏偏难遛得要命。为了训练这只狗，他可花费了不少时间和心血。

这只杜宾犬非常有自己的想法。要它往东时，它偏要向西，如果在遛狗时再去借个单人马车架在狗身上，他就活脱脱一个罗马战士，拉着绳子恶狠狠地在后头穷追猛喊，结果狗遛得不怎么样，身体倒练得健壮不少。

一年之后，他的爱犬杜宾总算开窍了！他如何下令，它就如何执行，已颇具马戏团的职业水准。

他欢喜地牵着杜宾犬出去，左邻右舍都围过来看。

"怎么样？瞧我厉害不，连这样的狗也能训练成这样！"

"你看它多听话？我要它走，它就不敢停……"

"我敢保证，即使我放开绳子，它也会乖乖地跟在我屁股后头。"

"那你怎么不敢放开它？"终于有一天，邻家的小孩反问道，"我们家的小黄特别喜欢自己在外面跑来跑去，像你这样天天绑着它，它难道就不痛苦吗？"

"这……"他一时也不知如何解释。像这么大体型的狗，就算自己敢放它，恐怕也会招来邻居的抗议。最关键的是，这条狗，他花了很多心血才好不容易地将它训练出来，万一走失了那可如何是好？

对不该放手的理由他还想了很多：

对他而言，放开绳子实在不像遛狗，如果跟狗出来各跑各的，还不如带孩子出来锻炼身体呢，还用得着带一只狗吗？他之所以有成就感，就是因为牵着这么一只气派的狗，这叫他如何舍得放手？

"究竟要不要放开绳子"这个问题一直困扰着他，每晚遛狗时都会想个不停。

于是，他开始思考自己到底为什么不愿意放开绳子，却由此惊讶地发现，在生活中他没有放手的事更多。在家里，孩子都快成年了，但无论干的家事大小，他还会在一旁指指点点；在公司，无论要属下做什么事，他都要亲自过问，免得出现差错；就算请妻子帮忙，他也会亦步亦趋地跟在后头确定每个步骤都合乎他的标准。

为了满足他控制的欲望，生活在他身边的每一个人都被他捆绑到一条隐形的绳子上。以前，他经常奇怪自己为什么总是轻松不下来，妻子要他陪着去度假，他总说放心不下员工、放心不下孩子，想东想西，实际上，放心不下的即不是员工，也不是孩子，而是他自己。他用隐形的绳子不仅绑住别人，也绑住了自己，致使自己的活动天地也被局限在绳子那么长的距离。

管理好
自己的时间

现代人常说一个"忙"字，人们忙着挣钱，忙着工作加班，忙着吃饭，忙着应酬，忙着购物，忙着旅游，忙着日常生活的各种应酬。无论做什么，用一个忙字来形容都是十分的恰当。人们为什么都这么忙呢？是因为事情真的太多了还是没有管理好自己的时间呢？

虽然说每天都要处理许多事情，但是让不同的两个人人来做同样的事情，结果却可能大不相同。有的人会把各种事情处理得井井有条，有的人则是忙得焦头烂额，结果还把事情弄得乱成一团。两种人的最大区别就在于是否能有效的治理时间。

有些人做事掂量不出轻重，总是弄不清楚自己应该做什么。他们总是一会儿做做这，一会儿做做那，最后结果就是什么都没有做成。他们有时还会会把所有工作都堆积起来，主次不分，做完一件是一件，结果是耽误了亟待处理的事情，没能完成重要的事情。

工作中有许多这样的人，他们工作勤勤恳恳，却总不能做出非凡的成绩；这是因为做事不分轻重缓急，一件接着一件干；同时不知怎样把时间分配到不同工作上更有效；甚至分不清工作的主次地位，以为每件工作都同等重要……

其实这就是没能对时间进行有效治理的结果，而混乱、低效的时间治理会使一切都紊乱。

对于那些在工作中的人来说，工作时间和生活时间很难分割清楚，并互不干扰。一旦工作时间混乱了，整体的生活就会受到影响。工作上的焦头烂额只会让我们的情绪变得更加糟糕，匆匆忙忙放下工作后，我们很容易将工作中的情绪带到生活上，很难在朋友、家人面前掩饰自己的得情绪。

由于我们要努力工作，我们可能会取消和朋友之间的聚会，在家人面前变得很烦躁，并且我们还很容易小题大做，对一件本来很小的事情大动干戈。我们有时也许会觉得自己糟糕透了，于是开始染上吸烟酗酒的恶习，苦闷、烦恼、痛苦、怨恨都一并涌上心头。很可能在晚上我们会躺在床上辗转反侧，被焦急、烦躁纠缠着，而无法安然入眠。

人们不会在每时每刻都精力十分旺盛，面临混乱的状况，我们的精力很可能会大打折扣。如果不能有效治理自己的时间，几乎每个人都会面对这样的状况。如果一个人不分主次却老是想把每一件事都做好，那么结果，他会很难将最重要的事情做好。

一个做事不分主次、不懂得先后顺序的人，一定没办法高效能地完成自己的工作。并且无论他工作时间有多久，工作中怎样努力、勤奋，都不会变得优秀，并成为公司所需要的优秀员工。学会有效掌控自己的时间是优秀者所必需的素质，只要这样，混乱的局面才可能被控制并一点点恢复正常的秩序。

可使，我们说的有效控制时间并不是让我们变成忙碌地追求"高效能"的人。我们需要身心的和谐，如果我们懂得了如何科学的治理时间，但我们的工作和生活并没有因此而变得轻松，而是变得更为忙碌了，那么我们的现状将会再一次紊乱。

总是有些人在工作时忙活不停，如果可以有效的掌握自己的时间，他们其实一般做事都非常有效率，但也很容易出错误。还有另一种人，就是我们所说的工作狂人，他们总是在忙来忙去，而且不肯浪费一丁点儿时间。比如开会的时候，如果会议比预定时间晚了一分钟开始，他们必定大吵大闹，气得七窍生烟。

不要总是让自己一直处于忙碌的状态，我们应该学着留给自己一些空余时间，去考虑一下自己所做的事情究竟有多大价值。

千万不要以为掌握自己的时间就是让自己不停的忙活，不让每一秒时间浪费。我们要学会在有限的时间内，把握住工作重点。把要事放在第一是时间是治理中的重要一环，而把精力集中起来放在最重要的事情上，这是许多成功人士工作时的重要原则。同时，也是我们高效率的完成工作，以及解决题目的有效办法。

理查斯·舒瓦普是伯利恒钢铁公司的总裁，有一段时间，他一直在为自己工作效率低下和公司的低效能而担忧，于是去找效能专家艾维. 李寻求助，希望李能给他提供一个方法，告诉他如何在短时间内完成更多的工作。

理查斯·舒瓦普如实的向他叙述了自己的情况。艾维·李胸有成竹地说："好！我10分钟就可以教你一套至少进步50%效能的方法。"

"写下你明天必须要做的最重要的工作，并按其重要程度编上号码，最重要的放在第一位。早上一上班，必须从第一项工作做起，一直做到完成为止。之后用同样的方法对待第二项工作、第三项工作……直到你放工为止。"

艾维·李停顿了一下，接着说："即使你花了一整天的时间，才完成第一项工作，也不要着急，这没有关系。只要它是最重要的工作，就这样坚持做下去。每一天都要这样做。当你对这种方法的价值深信不疑之后，叫公司里的人也这样去做。"

最后，艾维·李微笑着说"这套方法你愿意试多久，就试多久，然后给我寄张支票，并填上你认为合适的数字。"

回去以后，舒瓦普就按照艾维·李的方法来处理自己和公司的工作，一段时间以后，他认为这个方法很有用，于是就填了一张25.000美元的支票给李。

后来，舒瓦普坚持使用艾维·李教给他的那套方法，五年后，伯利恒钢铁公司从一个鲜为人知的小钢铁厂一跃成为最大的不再需要外界资助的钢铁出产企业。

舒瓦普常对朋友说："我和整个团队坚持拣最重要的事情先做，我以为这是我的公司多年来最有价值的一笔投资！"

无论做什么事情你都会发现一定的章法，如时间治理，就必须要区分轻重缓急，不能胡子眉毛一把抓。对于工作中的一些事情，一般都可以将其分为四个级别，即第一个级别是重要且紧迫的事；第二个级别是重要但不紧迫的事；第三级紧迫但不重要的事；第四级不紧迫也不重要的事。

面对一些重要而且紧迫的事情，比如危机、亟待解决的问题、有期限的任务和会议等，我们不能有丝毫的马虎与懈怠。因为这都是我们必须马上着手去解决的事情，这个时候我们就必须放下手头的其他工作，排除其他事情的干扰，把全部精力都投入到这件事情中来。因为只有把它们顺利解决之后，我们才可以安下心来做其他事情。

工作中有一些重要但并不是很急需解决的事情，比如准备和预防工作，建立人际关系，培训、授权和立异等等，这类事情要求我们具有更多的主动性、积极性和自觉性。而工作中有一些虽紧迫但不太重要的事情，可以找人来帮忙解决，也可以往后拖延一下。毕竟忙紧迫重要的事情才是自己的首要工作。

任何状态都是暂时的

　　世间万物都是变化的，没有什么是永恒的，无论你愿不愿意接受它，它都客观地存在着。没有任何一种状态是一成不变的，它们总会向另一种状态过渡。无论目前的状态是好还是坏，它们都会随着时间悄然离去，且一去不返。

　　我们生存的时空世界浩瀚无边，而宇宙时空开始于150亿年前的一次大爆炸，之后，时空中的物质演变便从未停止过：

　　150亿年前宇宙诞生；

　　50亿年前太阳系诞生；

　　40亿年前生命诞生；

　　500万年前人类诞生；

　　400年前人类发现日心说；

　　21世纪人类进入高端文明；

　　……

　　任何事物都在不停地改变，不仅是时空，我们人类也不能例外。变化是整个宇宙时空的永恒法则。因为无可奈何的变化，使我们觉得自己处在一个个十字路口，人生不过两万多天，因此，时间是人们最宝贵、最值得珍惜的东西。当然，时间仅仅是一个计量变化的刻度，没有变化时间也就无从谈起。

　　时间是变化本身对人头脑产生的幻觉，但在物理学中，速度是可以改变时间的。速度的快慢决定着时间的长短。根据相对论的观点，当一个物体的运动速度接近光速时，它的时光参照会发生变化，离光速越近，时空的参照系数变化越大。这就是说，速度的变化会对原来的时空产生巨大影响。

速度与时间是相对的，速度越快，时间就会变得越慢，假如达到光速，时间就会停止，而空间也会自动缩小或者缩短。因此，时间不是一个恒定的概念，它是变化的，并取决于速度。只要速度够快，原来的1秒可能就变成了1万年，而原来1亿光年的间隔很可能就缩短成1公里了。

生命与宇宙万物一样，都是在时空中慢慢变化而来的。我们的祖先来自丛林，自然环境的变化让他们面临双重选择，要么留下来接受自然的考验，要么走出丛林迎接新生活的挑战。

人类诞生在大约500万年前，那时人类还远远不是地球的主宰。相反，我们祖先的生活非常艰辛，虎豹丛生、食不果腹，终日居无定所。面临如此困难的生存环境，谁又能想到他们会一步步走到今天成为地球的主人？

然而，伟大的人类做到了。在漫长的布满荆棘的岁月里，他们一次次地突破，一步步地走向强盛。为了生存，他们选择了群居；为了生活，他们开始集体狩猎；为了提高效能，他们发明了工具；为了更好的合作，他们创造了语言。面对困难，我们的祖先从未停止过前进的步伐，智慧总是在困境中才显露出其耀眼的光芒，勇气也总是在困境中才让人感到生命的坚强。

时空的延伸从未停止，人类的脚步也从未停歇。没有什么是永恒的，我们所看到的一切，都不过是一种状态。一切也都是从一个状态转向另一个状态的变化过程，不同的是过渡的方向，将过渡到什么样的状态，最终收获什么样的结果。

或许有些人会想，不论我们如何过渡，最终都逃不过死亡。然而，对于活着的人而言，探讨死亡是没有任何意义的。

任何事物都是不断轮回的，不管是宇宙时空，还是世界万物，最终都会灭亡。那么，死亡到底是什么呢？根据能量守恒定律，我们知道一切死亡都不过是状态的变化而已。由于能量既不能凭空产生，也不会凭空消失，它只能从一种形式转化成另一种形式，或者从一个物体转移到另一个物体，但其总量保持不变。

生命的意义就存在于开始与结束之间，开始之前与死亡之后的事都是我们所不能驾驭的。因为我们思考所以我们存在，因此我们要把更多的注意力放在自己可以感知的生命存在的过程中。

每个人的生命过程都大体相同，都是从幼小中长大，然后走向不朽。但很多时候，我们却忘了生命变化的状态，或者是麻痹了这种变化。我们对万事万物进行思考，探求着它们的外在变化，到头来竟想不起自己是谁。

在希腊神话中，狮身人面兽斯芬克斯是神秘的害人的怪物，它就是最大的胡夫金字塔前的狮身人面怪兽。

对每天过往的行人，斯芬克斯都会问同一个问题："有一种动物，它在早晨的时候四条腿走路，中午的时候两条腿，晚上的时候又是三条腿，请猜猜，这个动物到底是什么呢？"过往的人回答不上来，就会被他吃掉。

俄狄浦斯途经的时候，说出了问题的最终答案："这个动物就是人。在生命的早晨，他是个孩子，用两条腿和两只手爬行；到了生命的中午，他已成年，用两条腿走路；到了生命的傍晚，他年迈体衰，必须借助拐杖走路，所以被称为三只脚。"俄狄浦斯答对了。结果，斯芬克斯羞愧地坠崖而死。

事实上，我们每天的生活都在发生着变化，不可能总是处于一种不变的状态下。但我们往往忽略了这些离我们最近的东西，因为越是离我们近的东西，通常越难看清楚。面对每天不断变化的生活，思维却总是带着固有的惯性，因此，虽然我们每个人都向往着未来的美好，但每个清晨起来后，却依然如故。

任何状态都存在于变化中，无论是好是坏，都将消失。但接下来的状态是什么，却取决于你的心态、思维和行动。当一个人为了理想奋发图强、逆流而上时，他的行为就会变得积极，即便是面临高山险阻、恶水横流，都不会让他退缩和害怕；当一个人被现状所束缚，终日不思进取，备受折磨时，他就会变得浑浑噩噩，一蹶不振，这会使他对目前的人生状态更加悲观，更加不顺。

我们所处的任何一种状态都是暂时的。古人云："生于忧患，死于安乐"。忧患会使积极进取的人重获新生，抵达自己理想的彼岸；安乐会使人变得贪图享受，深陷无法预料的困境难以自拔。

所以，我们要继承并保持好积极的状态，摒弃或改变现有的消极的状态。

[实事求是，尽力而为之]

现在社会飞速发展，每个人身上的压力也越来越重，对此谁都无法逃避。我们经常不自觉的麻木，忽略自己所处的环境。很多时候，人们只是对所处的生存状态作出积极或消极的回应，根本没时间考虑太多。那么，我们应该如何缓解自己的压力呢？

为什么说逆境生存的智慧存在于压力中呢？让我们看一看下面这个故事，从中你可以深受启发。

从前，在一个非常富有的城堡里，住着一位勤奋好学的堡主，他每天将大把的时间都花在了探索中。对此，身边的侍卫非常担心，怕这样会伤了他的身体，就劝他多给自己留一点休闲的时间，可以养养鸟或散散步等。

于是，堡主突发奇想，找人建造了一个近两平方米的豪华鸟笼，并请那位侍卫住进笼里。堡主对他说，每天都可以给他提供最好的美味，喜欢吃什么就吃什么。从此以后，两个人总是同时用餐，区别是一个在笼外，一个在笼内。

侍卫一开始觉得生活非常惬意，时间一长，当他每天酒足饭饱后，总觉得自己无事可做，待在笼子里实在是毫无乐趣。又过了几天，他开始变得不安，甚至焦虑，而且情况越来越严重。万般无奈之下，侍卫祈求堡主把自己放出来。但是，却被堡主回绝了，堡主告诉侍卫："从今以后，你一辈子都要生活在这里面，我会给你你想吃的任何东西，有什么要求你尽管提！而且想要其他东西也可以满足你，但条件只有一个，就是不能踏出这个笼子半步。"

一个月后，侍卫几乎要崩溃了，他声泪俱下地请求堡主放他出来："假如我今后的全部生命就这样葬送在一个鸟笼子里，虽然吃喝不愁，也不用遭遇生活的各种磨难，但是这样的人生活着又有什么意义呢？"

事实上，我们又何尝不是想过像侍卫那种衣食无忧、毫无困难的生活呢？我们总想着能够有朝一日过上那种衣食无忧的恬静生活，时刻担心人生会碰到什么困难、阻碍。难道困难、阻碍真的如此可怕吗？

生活就像一条船，如果没有帆，它会平静地停泊在水中，无需乘风破浪，也不必顺水而行，对它而言，逆境生存智慧的存在是没有任何实际意义的。反之，如果船扬起了帆，不论是顺流而下，还是逆水前行，此时此刻都是逆境生存智慧大显身手的时候。

对于那些不满现状，想过更好的生活却又正处逆境的人来说，他们最需要的就是如何让现实中的自己做到身心平衡。只有达到身心平衡，愿望的火苗才会在心中燃起，困难才会在现实中迎刃而解。

逆境生存的智慧，恰恰是一门让处于压力状态下的人们获得身心平衡的学问。它们之间是相辅相成的，哪里有欲望，哪里就有压力，哪里有压力，哪里就需要逆境生存智慧的引导。

现实生活中的你，压力大吗？让我们先来做个自我测试吧！

心理压力会轻而易举地让人们产生各种负面情绪，你现在所受压力的情况如何呢？请根据自己的实际情况作出"是"或"否"的回答：

1. 总爱感冒，而且不容易痊愈；

2. 四肢常常发冷；

3. 手掌和腋下经常出冷汗；

4. 有时会忽然感觉呼吸困难、胸闷；

5. 经常感到身体不适，比如腹部发胀、便秘……；

6. 经常感觉肩部坚硬痛痒；

7. 背部和腰部都有疼痛感；

8. 容易疲惫，且不好调节；

9. 时有心脏悸动现象发生；

10. 偶尔有胸痛情况发生；

11. 有头痛感或头脑不清醒的昏沉感；

12. 眼睛很容易疲惫；

13. 有鼻阻、鼻塞的现象；

14. 有耳鸣现象；

15. 经常引起喉咙痛；

16. 口腔内有破裂或溃烂发生；

17. 站立时会引起头晕现象；

18. 总有头晕目眩的感觉；

19. 晚上易失眠；

20. 睡觉时常常做梦；

21. 深夜醒来很难再继续入睡；

22. 不能集中精力用心做事；

23. 早上常常有起不来的疲倦感；

24. 轻微做一点事就感到很疲惫；

25. 有体重减轻的现象；

26. 胃口不好，常吃不下东西；

27. 对自己喜欢吃的东西，也毫无食欲；

28. 人际交往变得很不积极；

29. 稍有一点不顺心就会气愤，且会烦躁不安；

30. 舌头上引起白苔。

假如上述选项有5项符合你，则表明你有轻微的紧张感，应多注意休息，注意调节；如果其中有9～20项符合你，则说明你有严重的心理压力。此时，你应该选择去看心理医生，寻求帮助；假如在21项以上，那么就应当引起高度重视了，很可能会引发适应障碍性的问题。

常言道："欲望之门一旦打开，压力也必将随之而来"。我们正处于一个空前的飞速发展时代里，在物质浩瀚的现代社会，人们可以为所欲为地享受各种外界物质所带来的身心满足。只要你想，就有你品尝不完的各种美味，各地的风味小吃，不同国家地域的特色美食；只要你想，各种曲风的音乐可以让你一饱耳福，各种演唱会应接不暇；只要你想，你可以踏遍千山万水，游遍世界各地。

这是一个文化大交融的时代。各中奇闻趣事比比皆是，新闻信息浩如烟海，有用的知识堆积如山。可以选择的机会太多了，所以我们不免产生疑惑；由于疑惑，我们可能会做出更多的选择。正是多则惑，少则明。

然而，我们处在这样的大环境下，面对物质的诱惑，时尚的引导，很多人难以自控，不得不追波逐浪。

许多人在盲目的攀比中互相追随，农村人向往城市，城市人向往都市，都市人向往更奢华的生活。但是，要想在城市生活，必须有自己的房子，于是，很多人选择了分期付款，房子是住上了，但每个月的还款数额却是一笔不小的开支。不要窃喜这笔钱自己还可以负担，孰不知，一切压力才刚刚拉开序幕。

每天挤公交车的滋味真是苦不堪言，甚至会让许多人觉得丢面子，心想，都买房了怎么能没有车呢？于是，一狠心，一跺脚，把车也买了。本来生活还算小资收入也还乐观，但是每个月都有一大部分钱被这两项吞噬，可支配的资金越来越少，难免让很多没有经济基础的城市打工族们暗自叫苦。

在现代人的压力中，房子和车子仅仅占到一小部分。我们需要的东西还有很多，而可供消费的东西越多，人们的生存压力就会越大，因为只有挣更多的钱，才有能力消费得起。于是，人们不得不加班加点地工作，没日没夜地学习。有时，为了钱多钱少开始与他人勾心斗角，甚至相互间尔虞我诈、交恶成仇。

对弱者而言，有时尽管非常努力的工作，但一年到头，口袋里挣到的钱却少得可怜。对于他们，城市中存在太多的诱惑，太多想要消费的东西，而自己却无能为力。美好的梦想变得遥不可及。于是，他们开始变得悲观、无奈，难免有时感到自卑。他们大都生活在都市的边沿，承受着巨大的精神压力。有这样一个问题时时萦绕在他们心头：路在哪里，希望又在哪里？

年轻人总是盼望着能够有朝一日成为时代的强者，但现实中，渺小的自己却如蜗牛一样背着一个沉重的包袱缓慢前行。都说"高处不胜寒"，但在攀登的途中背着沉重包袱更加让人感到身心疲惫不堪。

古人云："失之东隅，收之桑榆"。对于那些一心想做强者的人而言，得到的总比失去的多。他们就像一首歌唱到的："千万里，千万里，我追随着你。可是你却并不在意。"因此，强者到头皆迷惘，心身疲劳求清淡。

现在，有些老板对员工工作质量的要求越来越精益求精，但对员工来说，不仅工作任务重，而且事务非常繁多，难免在工作中出现这样或那样的问题。有些员工平日里勤勤恳恳敬职敬业，对老板的指示也照单全收，但到头来却落得个被炒鱿鱼的下场，这让他们情何以堪。

如何才能把工作做好？如何成为老板眼中的优秀员工？如何达到从平凡到卓越的蜕变？如何让自己在公司的地位无可取代？这些问题重重地砸向我们，让我们难以接受，不堪重负。

除了工作以外，在生活中现代人还要面对情感烦恼、婚姻危机、健康隐患……处于这种状态，我们经常会左右徘徊。因为压力与诱惑总是对等的，如何让自己在压力中得到释放？如何理性的看待诱惑？这些方法都值得我们去寻找，要学会自我调节，自我平衡。

最有效的方法，就是逆境生存的智慧告诉我们的，要实事求是，尽力而为，时刻保持积极乐观的心态，不放弃希望与追求，使身心保持平衡，做最好的自己。

别小瞧了
你自己

在每个人身上都蕴藏着无穷的潜能，但你不一定知道，或许更不敢相信。当你感觉"山重水复"，再没有其他选择时，你的信念、责任、使命将会使它们爆发出来。特别是在危难时刻，每个人都可以做出令自己都难以想象的事情。因此，我们不能对任何人轻视，更不能小瞧了自己。

一声霹雳一把剑，

一群猛虎钢七连；

钢铁的意志钢铁汉，

铁血卫国保家园。

杀声吓破敌人胆，

百战百胜美名传。

攻必克，守必坚，

踏敌尸骨唱凯旋。

想必大家对此都非常熟悉，这就是《士兵突击》中的钢七连连歌。《士兵突击》是一部深受大众喜爱的电视剧，开播至今，各电视台仍在争先恐后的重播。该片的主角许三多，是个超现实的虚拟人物，他不仅感动着自己的战友，同时也打动着上千万电视机前的观众。我们为什么会被打动，从许三多身上我们到底看到了什么？

在钢七连，许三多是尽人皆知公认的大笨蛋、大傻子。在他们班，每个人都有一种让他"滚"的冲动，后来的"333个腹部绕杠"让他从此在钢七连确立了自己的位置。从他刚一入伍，大家就把他看作是劣等兵。从草原五班，到钢七连，直到最后成为一名令人称道的"兵王"，许三多跨出的每一步都充满艰辛和磨难。

正如连长高成所说："好兵，孬兵，一眼就能看出来。"在骡子与马的选择中，许三多将自己当成了土骡子。事实上，在别人眼中他一直都是土骡子，不论是在家里还是在部队中，不论是他二哥还是他父亲。大家都认为他是一个没出息，笨的不能再笨的人。

在众人的蔑视中，他开始慢慢适应，并承认自己就是这样一个没有出息，没有本事人。他以后的路到底会怎样没有人知道，更没有人相信他会在将来变得不平凡。连他自己都时常将"我错了，我又错了，我可笨了，我学东西可慢了"挂在嘴边。对活着的人而言，除了死亡没有什么比被人鄙视更加痛苦的。或许是受够了"龟儿子"的生活，于是，他一赌气走出了农村，与命运开始了一场战斗。

因为没有选择的余地，所以每一个来之不易的机会更加显得弥足珍贵。连长高成说："我从来没见过一个人对待每个任务都像抓住救命稻草一样。"许三多就是这样的人，他比任何人都懂得珍惜，正是靠着这种信念和坚持，使他一次又一次地击败了自己，最后成为一个名副其实的兵王。他的坚持打动了许多人，同时坚持也成就了许三多。

什么是潜能？我们可以从许三多的成长经历以及后来取得的突破中找到答案。逆境是释放潜能的最好平台。也许我们万事俱备，却不见得能成大事。一路坎坷不见得就是坏事，很多时候，往往是难题成就了我们，让我们变得更加坚强、更加强大。

我们不能无视身边的任何一个人，因为你不知道他身上究竟潜藏着多大的能量。没有人能够预料未来，恐怕在10年之后，被自己小瞧的人就会一越成为人中龙凤。同时，我们更不能贬低自己，灭自己的志气。很多时候，我们觉得自己技不如人，是因为自己已经默认了这一现状。或许你能做得更好，只要你在困难重重的路上具有坚定的信念，"不服输"的精神。

在棋艺中存在一个很有意思的现象，就是越与比自己水平差的人下棋，自己的技艺就越无法施展。反之，如果棋逢对手得遇高人，你会觉得自己的棋艺一下子提高了不少。

棋艺为什么会进步呢？是因为在高手给我们设下的种种陷阱中，激发了我们体内不服输的精神。每走一步，都会小心翼翼，每落一子，都会前思后想。人生如棋，想想生活中的自己不是也经常面对这样的情况吗？

责任、荣誉、尊严、信念往往会在我们觉得无路可走，想要放弃时表现得超乎想像。实际上，只要我们具有不放弃的精神，怀着必胜的决心与信念，无论是迎难而上，还是逆流而行，都能将我们的潜能一点点激发出来。

总之一句话，折磨也是生命赐予我们的一份珍贵的宝藏，逆境出英雄。

逆境
创造卓越

　　除了对逆境失望的人，世上不存在任何绝望的逆境。那些成功的人，无一例外地先经历了逆境的炼狱，并把逆境当作一种意识、境界、精神的晋升；没有一个不化被动为主动、通过坚定的信念和毅力，从而创造出卓越的成就。让我们感谢那些生活赐予的逆境吧，是它们让我们不断变得自信、强大，无懈可击。

　　是的，我们应该感谢它，因为它是磨练人的最高学府，是走向成功的基石。当然，没有谁愿意主动置身逆境，或故意为自己制造困难。但风云变换，世事无常，天灾人祸、不测风云常常把人卷入逆境无法自拔，甚至有时自认为走到绝路，困于绝境。

　　英国作家萨克雷说："生活就像一面镜子，你笑，它也笑；你哭，它也哭。"如果我们时时笑对生活，生活也会给我们阳光。如果我们一味地自怨自艾，那生活回报我们的也只会是失败和泪水。

　　有这样一位名人，他是一个高位瘫痪的残疾人，在轮椅上生活了三十余年，当命运之箭向他射出刻薄与残酷时，他这样写道："我的手还能流动，我的大脑还能思索，我有终生追求的理想，我有爱我和我爱着的亲人与朋友，对了，我还有一颗感恩的心……"他就是著名的物理学家霍金。

　　逆境是到达理想的通道，是攀登者的手杖。好比孩子要学会走路，就得先学会摔跤一样，只有经历过摔跤，才能学会走路。正如黎巴嫩作家纪伯伦所说："除了通过黑夜的道路之外，人们无法到达黎明。"

　　科学家做过这样一个试验，他们将一只小白鼠放到水池中央，只见它在水中转着圈子"吱吱"乱叫，而反射回的声波被它的胡须接收后，它便可以判断出水池的大小和自己所在的位置，最后它就可以轻松地游到池边了。

接着，科学家将小白鼠的胡须全部剪掉，再将它放到池中，它同样在水中转着圈子乱叫，但因为"探测器"已被清除，无法接收到反射回的声波，于是几分钟后，小白鼠便溺入水底。

事实上，小白鼠是"意念自杀"，在绝望时强行结束了自己的生命，它认为自己是绝对不可能游出去的。现实生活中，很多人在面临逆境时也选择了像这只小白鼠一样。然而，境由心生，所处环境越是艰难，我们就越要坚定毅力和信念。

有一位医科大学毕业的优秀眼科医生，因其医术高超、医德崇高，从而赢得广大患者的信赖，口碑非常好。他为人忠厚耿直，看不惯病院里的个别医生收受"红包"，更见不得病院里个别医护和领导的一些黑暗勾当，他几回提醒、甚至大胆地向主管部门进行揭发，并因此得罪了许多人。

在病院的一次内部调整中，医术高明的眼科医生竟被作为分流职员下岗了。为了生计他在街头摆了一个水果摊子养家糊口，他的家人还常常抱怨他"死心眼儿"，"不开窍的脑袋"，"管那么多闲事干吗？"后来，女朋友也弃他而去。

他痛苦到了极点，不明白自己到底错在哪里？他更不能理解这个社会到底是怎么了？但是，年轻的眼科医生并没有从此沉沦、气馁，他利用业余时间继续行医，继续研究学习，并发表了大量有价值的专业性论文。

一次，他在互联网上无意中发现美国加州面向世界招聘各类人才的启事，其中也包括医学人才。于是，他抱着尝试一下的态度，将自己的个人简历、学历、专业论文等资料从网上发了过去。出人意料的是，没过多久，从大洋彼岸传来了振奋人心的消息：他被录取了，年薪40万美元，一个月内前去报到。

在飞机即将起飞的一刹那，年轻的医生忍不住泪流满面，他说："我要感谢那些折磨过我的人和事，是它们成就了我今天的一切。"困境中他没有气馁，一蹶不振，就此沉沦，而是勇于奋斗，拼死抗争，与命运做斗争，并凭着自己的良好心态和坚定意志获得了成功。

一个人只有身陷困境，才会感到痛苦，才会迫使自己思考。对一个思想坚强的人来说，没有困境就意味着没有了思考的源泉。逆境创造人才，每一个成功者都有一段不平凡的逆境。只要击败逆境，人生就能踏上成功的坦途，若在逆境面前选择退缩，便只能以失败抱憾终生。

人生难免遇到困境，也许是自己太老实、善良而遭到不解与怀疑，也许是恋爱、婚姻、亲情、友情上的一次重大情感挫折，也许是曾经被流言蜚语所中伤，也许是生活的奔波、工作的压力使你一筹莫展，也许是人生旅途中从天而降的意外伤害……人生的每个阶段都为我们设定了各种困难、失败，谁都无法逃避。

贝多芬耳聋却写出了传世不朽的名作；高尔基从未上过学却成为伟大的文学家。因为每个人对待事物的态度各不相同，所以面对这些逆境时，不同态度的人将会得到不同的结局。和他们所遭遇的困难与不幸相比，我们那一点点小小的挫折又算得了什么呢？

同时，身处逆境会让我们更加冷静地思索，反复咀嚼生活的酸甜苦辣，感悟他人的优点和恩惠，重新审视自己的缺点和无知，从而唤醒自身的谦卑、善良，激发克服难题的能力，击败逆境的勇气和毅力。

一个装着香水的无口之瓶，只有打破它才能散发出幽远的馨香。一块朴拙的玉石，只有经过无情的雕琢，才会成为一件艺术品。那些铭刻在我们心中的累累伤痕，正是生活赠予我们走向成功的经验。那些成长中一次次的阻碍，恰是通向成功的一阶阶基石。

我们所完成的最出色的工作，往往是在逆境情况下做出的，思维上的压力，甚至肉体上的痛苦，都可能成为我们精神上的高度兴奋剂。朋友，是逆境磨砺了我们的品格、才气和胆识，激发了我们奋发向上的信心和勇气，调动了我们的潜能。让我们感谢逆境吧！

我们应该感谢逆境，珍惜困难，因为唯有在逆境中，我们的生命才会活得更加充实，更加有价值！朋友，请对逆境心存感恩吧！是它锤炼了我们坚定、无畏的心志；培养了我们忍耐、宽容的心态。

不逃避痛苦，
才能更正确地
自我认知

———————•———————

4

　　真正的坚强，是在一连串的打击下，仍然露出灿烂的微笑。如果我们能够勇敢地面对惊恐、愤怒、痛苦，最后就会发现我们需要的不过是多一点坚持、多一点承认自己缺点的勇气，希望使自己锻炼出一颗更坚强的心而已。

你害怕的事其实没有 你想象得那么可怕

通常让我们感到惊恐的事，未必真如我们想像中的那么吓人，就算它真的那么吓人，我们也绝不是自己想像中的那么脆弱。

记得有一次，我在社区心理中心协助同事带领心理治疗团，同事发给每人几张纸，每张纸上都写着一种感觉，例如，"愤怒"、"悲伤"、"快乐"等等。最有趣的一个标题是："惊恐"。

团队里的人都有药物或酒精上瘾的问题，很多人都是以画出针头、警察、监牢等来代表自己的惊恐。给我印象最深刻的是一名女孩的作品。

她的画很简单。她在"惊恐"的下面，用色笔涂得一片漆黑。

"惊恐是一种很无助的感觉，会让你觉得自己非常渺小。你不知道能希望什么，也看不到路的尽头，摸不到东西，也完全不知道自己下一步会走向哪里。似乎最安全的方法就是躲起来，不去面对它，但黑暗却会将你包围，毫不留情地将你一口吞下去……"

"惊恐"到底有多大？它就像你现在看到的两个字这么大，但它却拥有着瞬间填满你所有的想像力的能力。

虽然，平常让我们感到惊恐的事往往不像我们想像中的那么骇人，我们也没有自己想像中的那么脆弱。但，我们却常常因为惊恐而不断逃避，不断哄骗自己或吓退自己，卡在死胡同里转来转去，无法走出亦无法前进。

这位女孩所画的"惊恐"表明药物和酒精曾一度是她最好的朋友。为了逃避面对问题的惊恐和苦闷，她从小就用这些东西来麻痹自己，正所谓："眼不见心不烦"。等她长大一些，懂事多了后，她才发现这么多年来自己由于逃避而成为行尸走肉，一阵刺痛、悔恨与羞愧之后，她再次拿起针筒和酒瓶来安慰自己，好将一切忘得更彻底。

如今，她已经远离过去30多年，面对长时期滥伤身体后所造成的一身病痛，剩下的就只有"后悔莫及"四个字了。

惊恐原本是组成生活不可缺少的情绪。它让我们加强警惕，更好地保护自己。它让我们懂得惊慌，用行动改变现状。但如果我们不能善用它的功能，而容许它不断地扩张，它将会使我们的大脑瘫痪，甚至罢工。

大学毕业前夕，我所参加的英文进修班要学生轮流上台接受两名外籍教师的即席面试。

虽然事先已公布考题供面试者参考，但我当时由于惊恐，抱着侥幸与不敢面对现实的双重心情，竟然什么也没准备就前去应考了。

教师们先让我坐在台下和他们寒暄几句，接着要我走上台，把他们当成观光旅游的客人，要我像导游一样为他们形容校园。

我站在偌大的讲台上，望着台下两对瞪着我的眼睛，才发现我的惊恐和逃避，它们真的将我引到了我最害怕的结果。

我张开发抖的双唇，连"嗨"都说不出来，后来好不容易开了口，讲出的句子却是结结巴巴、不知所云的。

不到一分钟，我就被请下了台，满脸羞愧地坐回先前的座位。只见教师们面面相觑，很尴尬地说："你可以走了，考试结束。"

我从进教室到出来前后还不到五分钟。

真是奇怪，我竟然记不起来那堂课最后我的成绩如何，也许我根本没有勇气去知道结果。

记得当时已经过了午餐时间。我走出考场，避开所有的熟人，走进学生餐厅，随便点了几样东西，趁着人潮散去，走到餐厅最里面空无一人的长桌旁坐下吃饭。

我试图将自己的注意力转移，想以此向自己证实没发生什么大不了的事。然而，一口、两口、三口饭后，泪水悄悄地爬过了我的脸颊。

我停下来发出几声低泣，又埋头继续吃饭，同时想到未来的种种可能，但都不是太美好的猜测。

忘了那天是如何结束的，我只记得后来有个很深刻的感觉："也好，这辈子若要再遇到这么难堪的事恐怕也不易，但现在我还活着，不是吗？"

从此以后，我学会在逃避和恐吓自己之前，及早地跨出一步做好各项准备。因为经过这件事，我清醒地意识到惊恐的力量可以如何吞噬人的自信心与判定能力。

惊恐的力量很强大也很真实，但只有当我们臣服于它，主动将自己交在它手中时，它才能施展它的力量，控制住我们。

如果我们能够勇敢地面对惊恐，最后就会发现我们需要的不过是多一点坚持、多一点承认自己缺点的勇气，希望使自己锻炼出一颗更坚强的心而已。

别让他人的言行左右了自己的情绪

与其说是别人的言行激怒了我们，倒不如说是我们当时的心情和烦恼轻易地左右了我们如何诠释别人的念头，进而断定别人的用意。

记得有一次姐姐提到我那法宝外甥闹出来的一个大笑话，一天他在吃饭时跟爸爸说："某家店的锅贴好好吃啊，吃的人特别多。"

"是啊，大家都认为好吃，不约而同地一起来吃，因此人才会那么多。"爸爸答道。

外甥突然安静下来，好一会儿没接话，再开口时带着明显的委屈："'不约而同'就不约嘛！没有大人，小孩子也可以自己去吃的。"

童言童语，着实可爱。我可以想像姐夫啼笑皆非地与儿子澄清"不约而同"的意思，大概也忍不住给天真无邪的他一个爱的拥抱。

事实上，同样的沟通模式也会发生在成人之间，但成人好像反而没有勇气说出自己真实的感受。与其承认自己由于对方的话而感到受伤，我们多半会选择直接跳入自以为是的结论而懊恼，或是用力反唇相讥回敬对方几句。

"哼！这个人怎么这样讲话？"我们便马上会觉得对方真是坏心眼。

关键在于我们想像中的"坏心眼儿"到底具有多少真实性？

朋友对自己正值青春的女儿头痛不已。"她的坏脾气实在叫人难以忍受！"朋友低声叹气。

她站在不远处的女儿露出甜甜的笑容向我打招呼，有点让人难以想像她会不善于控制情绪。

我和朋友闲聊着，见她慢慢走过来，提起学校的事。原本好好的对话，在她母亲问起她和导师的相处状况是否有所改善时戛然而止，她女儿的脸色突然风云陡变一沉说："她是个白痴，每次都惹我气愤！"

据朋友的女儿所讲，有时候她感到身体不舒服，会向导师诉苦，但导师根本不想多听她说一句话，只希望她能和班上的其他同学一样遵守秩序，所以她忍不住就发火了，尖叫、怒骂、摔东西，当着所有同学和导师的面离开教室……，所有这一切行为都是导师的错。

她说："是她故意用话激怒我。她所说的每句话都是冲着伤害我而来的。我没办法和她相处。她是个超级大白痴兼神经病！我讨厌死她了。"

我问："你都是怎么应付她的呢？"

"我把她的话当耳边风，理也不理，或者当着她的面离开教室。"

朋友用无奈地眼神看了我一下，我总算理解了那眼神中的含义：不管导师的话是有意还是无意，她们之间的战火都难以得到平息。

朋友一有机会就苦口婆心地劝，可女儿就是不愿意试着换一个角度来看待这件事情。

很多人都是由于一言不和而争吵不休。有时候起因是一句傻气的玩笑话；有时候是由于其中一方过于莽撞，言词之间没有顾及对方的感受；有时候是遇到一方心情不好，另一方不小心踩到禁区，马上被莫名其妙地炮轰一顿。

某日，一位同学面如死灰地走进教室说："我要死啦！刚才和几位同学一起到某教授的办公室请教问题，当讨论到什么样的客户我们会不想做心理开导时，我直觉地说出了一个我觉得比较棘手的问题——'癌症患者'。结果教授一听脸色马上变了，我当场道了歉，但还是看得出来她很伤心。后来有人告诉我，教授的妹妹正好刚刚被诊断出患了癌症，这段时间她为这件事已经忙得焦头烂额了……"

对话就这样延续着，所有人都试图安慰那位同学，但她还是感到很难过。我坐在她旁边，看着平常活泼开朗的她整个下午都坐在那里看着书一言不发。

我当然知道她说这话是无心的。恰巧我几年前也得过癌症，我试想着如果她今天唐突的对象是我，我又怎么能对现在这么难过的她感到气愤？

但换个角度一想，如果这件事是发生在几年前我刚知道自己生病，心情压力很大，甚至认为自己已经时日不多时，又会做何反应？

我当然会很伤心，但不完全是由于她正好"哪壶不开提哪壶"，而是由于我正在为这件事担心，她提到了一个我在当时还没有能力克服的问题。

这就好比我今天高高兴兴地走在路上，却突然发现自己的衣服不小心穿反了，又找不到地方快点换回来一样，我会马上觉得街上的每一个在笑的人都是在取笑我，每一个低头私语的人似乎都在说着我的坏话。

事实上，这十个人里面可能有八个人没有注意到我把衣服穿反了。是我自己太在意，害怕别人会嘲笑我，也认为别人都在嘲笑我。

从一个人对别人说话做何反应，往往可以看到一个人对自己的态度。

当我们假设别人对自己有敌意时，也许该先停下来想想，是不是有什么不安正在侵蚀着我们？

批评，也许应该是别人对我们做的事；否定，却是我们自己对自己做的事。

很多时候，一些让我们反应激烈、心生不满的事，多半是因为我们本身还没有平静到足以包容它。

让不愉快的记忆
烟消云散

要保持悲观，得费尽心机和脑力去记住很多不痛快的过去。而保持乐观，却不必记得太多事，只需保持轻松的心情期待未来。

我所协助的教授专门教导中小学准教师使用电脑辅助教学。她热爱教书，很喜欢与学生来往。这位教授人也相当乐观，每星期她都是一、三、五上课。从早上9点到中午12点，4节完全相同的课一个紧挨着一个，很多时候她不觉得累，电脑都觉得累了。

身为助理的我在她上课期间随时待命，与她一起帮助学生。整个学期中总会有几天电脑的故障率特别高，或是学生对所教的内容听不懂。

此时，你会看到我们俩在电脑教室中像蜜蜂一般不停地穿梭飘动，忙得脚不着地。碰上能力较差的学生，现场更是一片混乱。

然而，即使在这个时候学生诉苦听不懂、学不来、操纵上频频犯错或是电脑故障等，她都会爽朗地一笑道：

"今天我们的运气似乎不太好。"

"看来电脑需要休息一下了……"

"这是个很好的学习经验，下一回，我们可以尝试其他的方法，避开这个错误。"

"不要紧，慢慢来，就算今天学不会，还有明天呢。"

事实上，就算天要塌下来，她也是那么镇定自若。

记得有一次，她给学生示范如何启动某电脑软件，就在一步步示范说明到了关键之处，她将鼠标点上程序名称，在众目睽睽之下执行它："所有的麻烦都在前面，现在这么一点画面马上就会出来了……"没想到出来的画面竟是："程序错误"。

她顿了几秒钟，回头朝学生笑笑："或许不能立刻出来。"

最让人记忆忧新的一次是，有位学生提到自己的工作提案得不到老板肯定："老板退回我的企划，还狠批了我一顿。"

教授听完不是安慰她："不要紧，至少你已经尽力了……"而是很高兴地说："这真是个好动机，证明你只要照着他的建议去做，下一次准能成功！"

教授接着继承鼓励她要看到更好的方面，最后说得那位同学似乎不是被退件，而是被"有前提地"接受，听得那位同学的心都雀跃起来。

后来，那位同学真的依照教授的话将自己的提案重新做了修改，虽然还是没有被老板采用。但她离开了那家公司，将自己的提案附在履历表里，找到了理念相同的老板，并受到了重用。

这位教授是"正向思索"的绝佳典范。在她心中，逆境永远是短暂的，生活永远是可以掌控的。

有时候，人们会因为害怕重蹈覆辙而强迫自己"牢记失败"，从此不做"多余的努力"，他们认为只有牢记失败、避免无谓的尝试，才是万全之策。

实际上，只有正向地思索、不断地尝试、轻松的心情、乐观的态度，才能使你以最快的方式一步步走过考验，走向光明。

那么，悲观与乐观的差别到底在哪里呢？

通常来说，乐观的人多数都会成功。

有位学者在他长达数年的忧郁防治法计划研究中发现：乐观的人往往会记住更多快乐的事，而忘记那些使自己感到不快的事。除此之外，乐观的人做好一件事就会肯定自己；做错一件事则只当它是失误，不会太过在意。

悲观的人正好相反吗？

不，他们的记忆力相当准确，对就是对，错就是错。他们是所谓"非常现实"的人。所以也让他们失去了"做梦"的能力。

很多人说："成功是属于那些敢于做梦的人的。"

悲观与乐观所不同的不是智慧、才智或机遇，而是一种生活的态度、一种信念与决心，我们与其牢牢地记住失败，放弃尝试，还不如更加努力地学习相信希望、不屈不挠。

[人生少拿一些，
快乐就会多一些]

如果凡事都要求非赢即输，那么只会将自己逼疯。必竟能跻身顶峰的人，永远是少数的。

他们对此所付出的代价，也多是令人难以置信的。

我有一朋友，初次步入社会，找到了一份不错的工作，她也很喜欢工作的内容，兼具挑战性和稳定性，从长远眼光来看也挺有发展的潜力。她对自己的好运感到十分庆幸，与同事熟悉后，更觉得工作环境和人际关系都很不错。

某天，她正在和同事聊天，一位比她晚进公司的同事问她月薪多少，两者比较之下，她发现自己的月薪竟比同事少了几千元。

她气愤地与好友说："那个同事比我晚进的公司，工作能力又没我强，月薪竟然比我高！真是太过分了！"从此上班也失去了原有的快乐，做事也没有以前积极了。

她浑身上下都有种被打败的感觉，甚至连原来由于尽职尽责全力达成目标时所带来的成就感和踏实感也抛到了一边。那几千元夺走了她的自尊、内心的平静和自给自足的快乐。

除了她觉得自己比别人"少拿了一些"，没有任何事情改变。

曾听说过这样一件事，有个孩子在学校的考试成绩有了提高，于是开心地将考卷拿回家给父母看，可父亲连头也没抬一下，问道："是不是第一名？"

此时，孩子的整颗心都凉了，父亲只关心他是不是最好的那一个，根本不关心他是不是一天比一天更好，更有进步。

有本英文丹青书，名叫《花的但愿（Hope for the Flowers）》。作者以一只灰毛虫的诞生为出发点，巧妙地将人类社会中种种残酷的斗争与挣扎融入故事情节。

作者在故事中提到，这只灰毛虫长大后巧遇了一只漂亮的黄毛虫，他们在一起度过了一段幸福的日子，直到灰毛虫开始对现状产生不满，执意要加入一大群毛毛虫的行列，来到一个毛毛虫住的地方。

在好奇心与好胜心的驱使下，它不惜一切代价跟着大家往柱子上爬，甚至不惜踩着它最好的朋友黄毛虫的头前行。

成千上万的毛毛虫们彼此倾轧，踩着别的毛毛虫的身躯而上，形成一根耸入云霄的柱子。

最顶端到底是什么没有一条毛毛虫知道，它们只是一味地推挤，排除前面阻碍自己向上爬的毛毛虫。

最后灰毛虫总算历尽千辛万苦到达了顶端，放眼望去，才发现原来附近是一柱柱巨大无比的毛毛虫柱。

眼见毛毛虫们争先恐后地爬向空无一物的柱子顶端，互不相让。它终于明白在这次行动中自己什么也没得到，还平白无故地失去了最心爱的朋友。

当它回头寻找黄毛虫时，更惊奇的是黄毛虫早就变成了一只美丽的蝴蝶。此时，它终于明白，原来它根本不需要去追求什么，所有最美好的东西就存在于它体内，它的潜力就是成为一只美丽的蝴蝶！

我们所生活的社会，数字当头、非赢即输，除非你站在顶端。一旦你站上顶端，却又深怕随时会被别人取代。

在我们的社会中，与别人不断地比较、竞争这一模式深受大众认可，甚至连孩子都会因某项表现未得到重视，而觉得自己"一败涂地"。

世人的眼光都齐刷刷地朝向顶端为数不多的民众，忧郁像传染病一样将顶端以下的人淹没，不论男女老少都有可能被抛弃。

于是，我们开始终日计较自己"够不够多"，而不管自己"过得好不好"，只要能在一些数字上占上风，自身的价值便得到了更充分的体现，即便事实上，那些数字对真正的幸福无关紧要。总要在浪费了大半辈子的时间后，才会发现自己的执着，竟然都花费在了一些毫无意义的事情上面。

一个人的价值怎么能建立在一堆数字之上呢？

没人规定你一定要十全十美

我们不能因为自身原因，而责怪别人不够努力地帮助自己解决问题。榜样好不好是一回事，自己愿不愿意克服难题则是另外一回事。

在这个世界上，存在一个很有趣的现象，就是如果一个人很有名气，那么无论他所学的专业是什么，在生活中但凡面临爱情、求职、教养子女等人生重大挫折，都会有人向他请教。因为人们认为"成功的人"之所以能"成功"，是因为他在各方面都具有超凡的特质，甚至在报刊杂志或网站上都会开始流传他们年幼时就如何伟大的传奇故事。

但人们似乎都很健忘，"偶像"也不过是和我们一样的普通人。

在求学期间，我曾结识了一位非常优秀的教授，他待人和蔼可亲并且学识渊博。他在学校开了好几门课程，其中有一门是如何经营两性关系。

我毕业几年后，辗转从还在学校念书的朋友口中得知，这位拥有美满家庭的教授，由于和女学生闹绯闻而丢了工作。朋友说："这人真虚伪，原来以前那些都是装出来的。连自己说出来的话都做不到，还好意思教育别人。"

但我却发现自己无论如何也没法对他产生气愤。从某方面而言，我依然对他非常尊敬。因为他曾带给我很多启发。我对他上课的日子依然怀念，当我早期对婚姻生活感到不适应时，是他给了我很多好的建议，让我很快走出了内心的阴影。他给我的教诲，我至今铭记于心。

我相信当他在告诉我们家庭是如何重要时，他也深信那些带给人生幸福的理论。即便他无法把持其中的某项原则，但这并不代表他过去的所作所为都应被一并推翻，也不代表他所有的教导都存在问题，更不代表准确的理念经由他的诠释就成了错误的见解，到底是对还是错，每个人的心中都有自己的判定标准。

几天前，有一位朋友很伤心地对我说，她念大学的儿子酗酒问题十分严重，她曾请学校主任帮忙劝戒，但主任只是随便找个学生助教给他儿子警告，并没有亲自开导她儿子。她估计主任的想法是等到她儿子的成绩一落千丈后再把他一脚踢出校门。

朋友对此感到十分无奈。在多年前，这位主任曾是给过她很多启发的教授，她本来对他敬佩有加。

朋友的先生因为生活压力过大，每天开始酗酒，婚姻、家庭和子女全部未能幸免。几年前，这位朋友的女儿已经因为酗酒问题自毁了前途。在她看来，当时已经担任主任的他，就已经没有了往日身为教授时那份对于教育的热忱。

朋友说："对于孩子，我怀有深深的愧疚。如果不是因为我的无能，孩子也不会在父亲的影响下变成今天这个样子。现在主任又这样狠心，我的孩子这辈子岂不是都没救了吗？"

"你无能？"我问朋友，"一位母亲所能做的事，你觉得你有哪件少做了？"

她眼含泪水地说："我所能做的都做了，但孩子还是怪我，还是不听我的话。我知道我也年轻过，也做过傻事。但我努力不让他们步我的后尘，可他们为什么就不能明白呢？"

"每个人都必须为自己的选择负责。人无完人。每个人都应该在错误中学习，在错误中看到自己的责任，并努力地去改进。有些人害怕改变，会将责任归咎到别人身上。"我问她，"你换个角度想想，如果今天换成一位非常热心并积极的主任，你的儿子就会马上因为主任的影响而放弃酗酒吗？"

朋友无奈地望着我，默默地摇了摇头。无尽的母爱使她希望能够快点将孩子的痛苦移开。但同时她也清楚这是孩子自己的选择。事实上，在她做了一切应该做的事之后，要不要改变，完全取决于孩子的决定，她也并没有造成孩子的不幸。

没有人规定母亲必须是万能的，做教育的就必须的对学生拥有无尽的爱心，或是名人就一定十全十美。每个人都有自己长处，同时也都有需要改进的地方。当我们因为别人没有扮演好他们应扮演好的角色而横加指责时，也许应该先问问自己，他们到底有没有扮演好自己的角色与我该不该做正确的事、或是该不该快乐到底又有什么关系呢？

我的教授是个很好的人，从他的事情中我能够看到，一个再好的人也难免有软弱的时候，也可能会做出伤害他最心爱的家人的事情。这个例子告诉我们，要更加努力地经营自己的生活，因为"理论"还是需要有更多、信念和正确的行为才能实现的。

同样我的朋友也是一位称职的母亲，在我所熟悉的母亲中，没见到过一个比她为了子女牺牲更多的。也许有人会无情地将子女问题，甚至子女也将自己的问题都怪到她头上。但她与其他怪罪她的人一样，都只是个平凡的人，并不能因为她不够"完美"，就变得一无是处。事实上，她以她的平凡付出了不平凡的努力，这让我对她的为人更加敬佩。

朋友提到的主任，也许可以在他所处的身份地位中施展更大的功效。但他愿意做怎样的主任，决定权在他。我们不能因为自己的问题，而责怪别人没有努力地帮助我们解决问题。究竟自己原不愿意克服困难是我们自己的事。

偶像的"完美"，常常是人们一厢情愿的想像与期望。

我们没有理由这样要求自己，更没有理由这样要求别人，更不必为了偶像的破灭或是自己的表现不符合"形象"，就对别人或自己丧失信心与希望。

[很多痛苦都 源于缺乏信任]

假如你愿意主动向人们招手，在人群中总会有人举起手来向你示意。假如你甘愿当那位拒绝别人善意的人，久而久之，也就真的没有人再向你靠近了。

我与朋友A认识已经有一段时间了。当我知道世上还有他这号人物存在的第一天起，就没见他脸上有过笑容。他给人的感觉是始终罩着一张让人倍感压力的防护网，而且还是装满钩刺的那种。

不仅如此，他也从来不会轻易相信任何人。当别人帮他做事时，他会怀疑这个人别有用心；当别人好心帮忙，事情却不如预期进展的顺利时，他则认为这个人是在故意找碴儿，让他难堪；当别人因为事情耽搁，不能立刻对他的要求做出答复时，他则视为拒绝，并马上与对方划清界线，充满敌意。

他总是说："这世上没有任何人值得相信，他们都没安好心眼。"

但是如果你反问他，为什么他们不对别人而单单针对你"特别"坏，他也说不出一个所以然来。

总之，见过他的人几乎都有一种"欠他几百吊钱"的感觉。无论是谁，即便刚开始与他是非常要好的朋友，到最后也总免不了落得个一拍两散、横眉相向的下场。

不难想像，朋友A经常会独来独往，大叹人心冷漠。事实上，他身边还有许多朋友和家人在关心着他，但他们也都不得不努力与他保持一段安全的间隔。

而朋友X却是个截然相反的人。小X是已婚族，已经是两个孩子的母亲，近几年来夫妻俩都在海外念书。

要是说起金钱，我想这世上大概没几对夫妻会比他们更拮据，他们也一直没什么机会能够享受家人的帮助。但有趣的是，很少见到他们难过。当然偶尔也会有苦穷的时候，但夫妻俩还是每天笑逐颜开。若真遇到什么问题，也总会有朋友，甚至非亲非故的人向他们伸出援助之手。

带着这份好奇，我问她生活的秘诀是什么？

在接下来的一分钟里，我被她的表达完全打动时，我突然明白这对夫妻俩为什么能轻而易举地获得他人的帮助，原因就在于他们能让帮助他们的人感到十分的荣幸。不论别人所帮的忙是大还是小，他们从来不怀疑别人的好意。即便有时别人只是随口一说，给他们开张空头支票，他们也毫不在意。

然后她提起了早些年的经验：记不清是在哪个学期了，由于学校的图书馆藏书不足，她硬着头皮在网上找一些素未谋面的教授或学生帮忙提供资料，结果出乎意料地遇到的人都是热心肠，对她这个异乡的学生一点也不排斥。从写论文需要的参考资料到征求专业咨询，甚至哀求协助进行学术研究，都得到过别人的热心帮忙。

那次经验给了她深深的触动，仿佛所说的"地球村"就在眼前一般，似乎每个人都是她的挚友、至亲。

也正是从那个时候开始，她和她的先生学会了信赖人道的善良，学会了一个人最大的财富就是情谊，也学会了对别人的帮助要衷心地感谢。如今，他们时刻准备帮助那些需要帮助的人，等着回馈那些别人曾予以他们的善意。

信任别人是一种能力。如果缺乏信任，即使你置身在人群中，也依然会觉得孤单寂寞。

熟悉他们的朋友都说这个小家庭一定是得到了上天的特殊眷顾，运气真好，常有贵人相助。然而当私底下大家聊起他们时，也都清楚彼此会不自觉地想要关心他们一下，想看看他们是否还需要什么帮助。

到底是为什么呢？

因为他们轻易地诠释并执行了"日行一善"的道理，同时也让别人深深地体会到"助人为快乐之本"。

他们让别人因为他们的完全信任与尊重而感到开心，更让别人从他们身上看到了真正"地球村"的大好美景近在眼前。

痛苦是获得
幸福前的风雨

每个人都离不开痛苦与快乐，它们将伴随我们一生。我们都对痛苦深恶痛绝，对快乐充满渴望，可惜痛苦总是挥之不去，而快乐却又久觅不得。痛苦是获得幸福前的风雨，没有风雨我们也见不到彩虹，同样没有痛苦我们就无法感受到快乐。

痛苦与快乐就像一对双胞胎，两者密不可分。如果没有经历过痛苦，就不会感受到快乐的珍贵；同样，如果没有快乐，痛苦也就失去了存在的意义。

不过，人们经常会有一个不良习性，那就是喜欢把痛苦抛得远远的，孰不知，此时快乐也将跟着越走越远、无处寻觅。如此，久觅不得，痛苦就又回到了自己的身边，并且对抛弃它的人展开疯狂报复。

什么时候，人才会感到痛苦呢？在想得到却又偏偏失去的时候；在想获得突破，苦苦努力却没有任何进展的时候；在对现状无法忍受，不论如何努力都无法冲破现状的束缚的时候。

痛苦是一种强烈的感觉，会让你真真切切地受到感染。但是，痛苦的对象却是十分明显的，如为钱烦恼，为工作担忧、焦虑，为失去恋人而伤心欲绝，为丢失物品惋惜等等。还有一些痛苦是在不平衡的心态中诞生的，比如自己窘迫的经济状况，毫无希望的发展前途，自卑心理等等。他们都可能让我们深陷痛苦的深渊。

痛苦和快乐总是在相互交替中循环。在人生的长河中，一个人不可能总处于痛苦的深渊，也不可能总是待在快乐的天堂。人永远生活在痛苦和快乐的边沿，没有痛苦就感受不到快乐。只有快乐也会让你觉的索然无味；只有痛苦，痛苦也就使人麻痹了。

在汶川大地震后，有一个词儿开始深入人心："大灾有大爱，地陷天不塌"。大灾有大爱，事实上，回头想想，人生不也正是如此吗？在痛苦与快乐的轮回中，小的痛苦总能让人得到小的快乐，大的痛苦也总能让人更深刻地明白快乐的真正含义是什么。

俗话说"千锤百炼成真金"，快乐无疑是痛苦的升华。快乐是一种忍耐与沉淀，更是痛苦过后的精神收获。

佛家对于痛苦具有更深刻的体悟。他们认为人生具有八大苦门，即生老病死、怨憎会、爱别离、求不得、五阴盛。这些都是人生在世必须经历的循环之苦。不同人对痛苦的感悟程度也会有所不同，有些人对某一类痛苦的感觉会尤为敏感。

我们之所以会痛苦，根本原因在于我们还不够了解自己。如果一个人真正的了解自己，他就会忽略人生中的很多烦恼，同样也就减少了很多不必要的痛苦。

当然，人生就是一个自我认知的过程，而了解、熟悉自己也是一个长期而复杂的过程。所以我们要想减少痛苦，就必须认清自己的本质。

快乐不会常在，痛苦也不会永远消失。它们互为伴侣，相依相偎。也许我们今天是幸福的，但是今天也可能会成为我们明天痛苦的根源；也许我们此时此刻正感到迷茫、困惑，可明天就可能会豁然开朗，被愉悦包围。

痛苦与快乐虽然不在我们的掌控之中，但我们却可以让痛苦的时间缩短，让快乐的时间延长。快乐就像一只追逐尾巴的猫，越想得到就越无法得到，因为快乐不需要追逐。

那么，我们如何才能让自己多一些快乐，少一些痛苦呢？

要获得真正的快乐，就要懂得快乐是一点点减出来的，而非一点点加出来的。现实中，我们总是自觉或不自觉地想拥有更多，拥有的欲望让我们深陷痛苦的深渊。因此，舍得是一种人生境界，舍去的是痛苦，得到的是快乐。舍去的是束缚，得到的是超脱。

对于那些身陷痛苦无法自拔的人，逆境生存的智慧会提醒他们，痛苦是获得幸福的前提。在感到痛苦的同时，说明快乐离自己也不远了。

如何才能让身陷痛苦的自己平安抵达幸福的彼岸呢？快乐总是被痛苦包围着，当我们把痛苦一层层地剥去，我们离快乐就越来越近了。

对于痛苦和快乐，我们总是不断地穿梭其中。但每一次快乐的来临都是在痛苦逝去之后，而我们也正是在这样的循环中发现了一个真正的自己。

切忌凡事 以自我为中心

所谓的地狱不在地下，同样天堂也不在天上，它们都存在于我们心中。纯粹的痛苦便是地狱，纯粹的幸福即是天堂。不过我们都是地狱与天堂的过客，既不属于痛苦也不归于快乐。真正的幸福是痛苦和快乐的中间地带，痛并快乐着。

法国存在主义哲学家萨特曾说："他人即地狱。"在萨特的观点中，他人就是自己的地狱，但他的意思并不是说身边所有的人对自己而言都是地狱。这句话的真正含义是，当自己和周围的人相处不愉快，难以协调时，他人对我们而言就成地狱了。

从古至今，我们都习惯从别人的眼睛中发现真实的自我。在一些人看来，他人就好比是自己的一面镜子，只有通过别人的语言、评价，才能看清真实的自己。如此看来，真正的自己好像不在自己心中，而是存在于他人的言论中。

人是什么是指他过去是什么，而将来是不存在的，这是存在主义的看法。人的生命过程就是由一系列的选择连接起来的。在选择的过程中，人才是主体，才是本质，而选择的对象只是客观存在的，是表象。但是有选择就有责任，我们必须对自己所做的选择承担全部责任。

虽然我们常说："我思故我在"，但证明自己的存在并不一定凡事都要以自我为中心。人是自由的，更是社会的一份子，我们无法离开社会而单独存在，尤其是在高度合作的信息社会里，我们更离不开集体。各种各样的合作，从出生到死亡，我们一直都存在于与他人的互助合作中。我们存在于社会，但社会既不是地狱，也不是天堂，而是我们生存的一个必需环境。

在与人交往的过程中，如果我们凡事都想以自我为中心，而不顾及他人的利益与感受，那么就很容易使自己与他人产生矛盾，从而使自己陷入紧张的人际关系中。而人际关系越是紧张，我们就越是想回避他人。

避免矛盾冲突的行为中有一种就是回避，即便我们能暂时逃离，但矛盾却并未得到解决。因为在我们内心所产生的不是逃离后的安然与清净，而是孤傲、空虚与痛苦。

当我们过渡重视自己并造成与他人的冲突时，他人自然就成了我们的地狱。因为此时别人对我们的评价也是负面的、消极的，让自己无法接受的。在我们眼中，他人就好比地狱一般，让自己感到悲凉、紧张、惊恐与痛苦。

我们要想获取自由，就必须通过正确的选择，让自己存在于正确的结果中。在与他人的交往中，我们应该如何选择自己的立场呢？先别急着作决定，让我们先看一下下面这则故事，从中你会明白地狱和天堂的真正区别到底是什么。

一个白领问上帝："地狱在哪里？天堂又在哪里？"

上帝没有回答他，而是拉着他的手把他带到了一个大厅。在大厅中心，有一个熊熊燃烧的火堆，上面吊着一个大汤锅，锅里飘出一阵阵诱人的香味。汤锅的附近围满了面黄肌瘦的人，他们每个人手中都拿着一个几尺长的汤勺。

这些人围着汤锅贪婪地舀着，因为汤勺太长，盛满了汤又太重，即使身强力壮的人也很难喝到勺中的汤。在焦急中不时有汤溅落到自己的胳膊和脸上，还时常把身边的人烫伤。于是，他们互相责骂，进而用汤勺大打出手。上帝说："这就是地狱。"

接着，上帝带着他离开那个大厅，又进入到另一个大厅。同前面一样，大厅中心也有一个汤锅，很多人围坐在旁边，手里拿着汤勺，除了舀汤声外，只听到悄悄的满足的喝汤声。锅旁总保持两个人，一个人舀汤给另一个人喝。假如舀汤的人累了，另一个就会拿着汤勺来帮忙。上帝笑笑，说："这就是天堂。"

这就是白领看到的天堂与地狱，一切看似都是一样的，却又都是不一样的。相同的是吃的食物和用的勺子，而不同的是，地狱的人只知道痛苦地抱怨那只该死的勺子把太长，而天堂的人则通过借对方之手而共享美食。

对于那些正挣扎在痛苦中的人而言，这是多么深刻的启示啊！实际上，社会的真相也与此相同。在与他人的交往中，我们既要坚持自己的信念，同时又要学会奉献。只懂得坚持信念却不知道合作与奉献的人，就会像地狱里的那些人一样悲惨，只能在自私的自我挣扎中承受痛苦的惩罚。

有我即地狱，无我便天堂。对那些因过分重视自己而正在痛苦中挣扎的人而言，逆境生存的智慧就是让他们明白，人生既要有所坚持，也需要相互合作。我们在坚持自己信念的同时，也必须尊重他人的利益。

如果过分重视自己，凡事就会使人以自我为中心，这时我们就很难顾及到他人的利益与内心感受。这与画地为牢无异，是自己将自己囚禁。因此，他人不是我们的地狱，地狱就存在于我们自己心中。在人际关系中，如果我们少一点自私，对别人多一点奉献，多一点关怀与谅解，我们也就步入了天堂。

放弃该放弃的，坚持该坚持的

佛说："有求皆苦，无求乃乐。"有些人认为，人之所以感到痛苦，是因为追求错误的东西；认为别人是让自己痛苦的根源，是因为自身的涵养不够。朱熹有句诗也说得非常好："容易识得春风面，万紫千红总是春"。挣脱痛苦就必须认清痛苦的本质，那么，痛苦究竟是什么？人又为什么会感到痛苦呢？

痛苦是一种感觉，它是由内心对外在刺激所产生的。当我们身体受到伤害，或者心灵受到负面的刺激时，人就会感受到痛苦的滋味。

心理学认为，痛苦不过是人对所经历的事物与伤痛产生的感受。同一件事情不同的人会产生不同的感受，比如同样是离婚，有些人会感到悲痛欲绝，而有些人则会认为这是对自己的一种解脱。因此，感受的角度也决定着感受的结果。

痛苦是情绪中最折磨人的一种。即使它是由于外部刺激产生的，但个人对刺激的认知才是造成痛苦的罪魁祸首。就像那些在大地震中成为残疾的人，因为身体某个部位的缺陷会让他们产生痛苦的感受。但是这种痛苦更多的是属于身体本能的神经反应，而且这种痛苦会很快过去。

然而，当我们看到自己由一个四肢健全的人变成一个四肢不全的人时，这一现状会令我们感到极度痛苦。因为我们已经意识到自己已经不再是一个健全的人了，不能再像正常人一样，也不能像往常一样做自己喜欢做的事情。一想到今后将会过着和过去完全不同的生活，他们就会不自觉地产生悲伤、迷茫、无奈，甚至失望的情绪。

综上所述，痛苦更多的是由认知引发的情绪反应。

在生活中，让我们感到痛苦的因素有很多，比如自己一直想获得某样东西，苦苦追寻结果到头来却一无所获，此时人们会因为自信受挫而对自己产生绝望的痛苦感；失去自己喜欢的人，尽管一直在努力挽回，渴望能与她重归于好，但付出的一切努力都不能使现状有所改变时，痛苦的感觉就会油然而生，难以控制。

佛说："抛却是乐，执着是苦。"生活也如此，我们占有的欲望越强，在不能占有时产生的痛苦感就越烈。但对现实中的人来讲，让他们做到完全抛却有如登天。而且一个人如果养成了凡事不成则弃的习惯，他的人生就很难有真正的幸福可言了。

快乐与痛苦你中有我我中有你，有痛苦才能更深刻地理解快乐的含义。放弃应该在努力与尽力之后，只有这样我们才能放弃得洒脱，放弃的无怨无悔，否则就难免心有余悸了。

痛苦是一种强烈的情绪反应，每个人都要经历痛苦的体验，那么痛苦究竟是什么？人为什么会感到痛苦，我们痛苦的来源又在哪里？让我们来做下面的测试，只有知道我们的痛苦来源后，才能使自己快乐地成长与生活！

你和爱人一起去逛街，偶然经过一家电器商店，商店的橱窗里全都是电视机，你觉得第一眼看到的画面会是什么？

A.欣赏夕阳下山时男人的背影

B.沙漠风光

C.两只正在嬉戏的波斯猫

D.疾驰在荒野上的斑马

若你的选择是A，表明你可能正在经历人生的低谷，事事不顺，在人生的十字路口徘徊不定，只要敞开心胸，静下来听听内心深处的声音，不要再为难自己，将你心中的痛苦感释放出来。

若你的选择是B，说明你的痛苦是因为你疑心过重、没有安全感。如果你经常为自己的身体和精神状况而担心，不妨找个专家做个检查吧！

若你的选择是C，表明你对自己的恋人存在过多的期待，为了摆脱这种苦恼，你应该学着接受他的缺点，而不是将他塑造成你心目中完美的样子。

若你的选择是D，这个选择表明你正在为自己的幸运而暗自高兴，同时也害怕好运会突然离你而去。因此，为了摆脱这种担心给你带来的焦虑，你应该学着独立一些。

爱情在拥有甜美的同时也最能让人陷入痛苦的深渊。对于那些失恋的人，爱有多深恨就会有多深，恨是痛苦在内心的异变。同时，痛苦也是贞洁爱情的代价，我们之所以感到痛苦，是由于我们曾拥有过甜美。痛苦是对甜美的贪恋，是对失去后的珍惜。

爱不应该仅仅是将对方占为己有，爱他与他无关，我们也不要把爱情的泪水洒在无法挽回的一厢情愿的回忆上。如果我们无法冲破占有欲的束缚，那么失恋后，我们只能与痛苦相伴；如果我们能够将它放开，他（她）就会转化为其他形式重新回到我们的思维世界中。此时，我们能从淡忘中收获一份平静，从回忆中收获一份甜蜜。

爱是最容易束缚人心灵的一种感情，也是最容易使人陷入盲目主观的东西。面临失恋的痛苦，我们最需要做的不只是感受悲伤，还应该用快乐的心态去拥抱明天，去迎接生命中的相爱与幸福。正确认知自己，改变那些不切实际的择偶标准。

现在，如果你依然身陷痛苦无法自拔，逆境生存的智慧会帮助你重新修整欲望，该放弃的要勇敢放弃，该坚持的要继续坚持。

如果痛苦的根源是自己在追求错误的东西，那就拿出勇气，坚决地与它说拜拜；如果你坚信自己的坚持是正确的，那么在痛苦中必定会有快乐相伴；如果你只感受到了坚持的痛苦，那么只能说明你的坚持还不够坚定和彻底。

痛苦并不是
与生俱来

除了自己可以使自己痛苦外，没有任何人能做到这一点。事实上，当我们感觉痛苦时，那不过是身体在脱离正常运行轨道时向我们发出的报警信号：停、停、停。当一个人处在非常自然的状态时，他能够感受到的痛苦是很有限的，因此痛苦是学习的结果。

每个人都要长大，但长大也需要付出代价。它所付出的代价就是我们发现自己的烦恼越来越多，而这些都不是我们真正想得到的。我们一方面渴望自己快快长大，可当我们真正长大后，却又无法不怀念小时候的天真无邪、无忧无虑。

人一旦长大，感到痛苦的事情也就会随之越变越多。更多时候我们只是忙于应付，根本没时间细想"我为什么会有这么多痛苦？它们都是从哪儿里冒出来的？"于是，我们慢慢适应了痛苦的存在，并习惯了与它相处。

众所周知，成人的痛苦远比儿童多，因为他们拥有足够的知识和经验，能够明白利害，能够计较得失，能够体会荣辱，能够分清高低贵贱，一切在他们眼里好像都能泾渭分明。于是，当觉得自己什么都明白了，痛苦也就随之而来了。

在现实生活中，一个人的痛苦一旦有了存在的理由，他就会毫不手软地让自己痛苦下去。但是，并没有人能强加给我们痛苦，痛苦都是我们自己造成的。痛苦是一种完全内在的过程，只有我们能让自己产生痛苦。痛苦的罪魁祸首，非我们自己莫属。

很多人认为产生痛苦的首恶不是自己，或许你会情绪激动地反驳："我自己闲得没事啊，给自己找痛苦受？"是别人的行为不检点才让我们产生了痛苦的情绪反应，就好比别人说了一句伤害自己的话，我们难免会感到愤怒，从而导致十分痛苦。

每当我们回想起别人说自己的坏话时，就会感觉呼吸急促，心跳加快，正是：怒气难平，痛苦不堪。在生活中，这种状况的存在是很普遍的，只不过有些人记住得多，有些人记住得少罢了。

痛苦是在不断学习中得来的。在痛苦者的心里，他们会自己谋害自己，通过不断地咀嚼别人伤害过自己的话或行为。因为我们每咀嚼一次，就会重新经历一次痛苦。是我们自己让自己吃尽了苦头，让自己陷入了自我残害的恶性循环中无法自拔。

你感觉现实中的自己痛苦吗？你清楚自己的痛苦指数吗？让我们来做一个测试，看看自己是否是一个常常身陷痛苦的人。

以自己的真实情况为依据，用"是"或"否"回答下面的问题，然后将答案为"是"的个数统计出来，再根据数量查看诊断结果。

1. 在与别人谈话时，经常会感到别人在嘲讽自己吗？

2. 你最喜欢的颜色是红色吗？

3. 当你感到很无聊时，一定需要有人陪在你身边吗？

4. 近三个月内，你认为没有一件事可以让自己觉得很开心、很快乐吗？

5. 你经常因找不到知音而烦恼吗？

6. 你很看重外表给人的第一印象吗？

7. 你现在最大的愿望是赚更多的钱吗？

8. 你认为精神外遇比肉体外遇更严重吗？

9. 你有自己独特的癖好和爱好吗？

假如你肯定回答的数量在2个以下，说明你是一个心态非常正常的人，痛苦的指数为零。也许在你内心也有需要自己解决的问题，但这些事情并不能难倒你。很多时候，你过得都很愉快，让人羡慕。

假如你肯定回答的数量在3～4个，说明你的烦心事与大家的相差无几。现实中，你的生活过得很平淡，如果能多花点时间找出自己的兴趣，那么你的快乐指数将会迅速上升。

假如你肯定回答的数量在5～6个，这表明你是一个内心较为压抑的人。你经常会觉得心头有一种说不出来的烦闷，这些都与自己不够积极，无法突破现状的个性紧密相关。对于这种类型的人而言，最关键的是及时调整心态，改变自己的想法。

假如你肯定回答的数量在7个以上，说明痛苦常常笼罩着你。你觉得自己像被诅咒了一般，什么倒霉事都会遇到。没有一件事是顺利的让你感到痛苦至极。对于这类人，最需要做的就是多与人接触，增加每天的运动量，多与那些乐观积极的人相处，痛苦自然就会减少了。

现在我们已经知道了自己的痛苦指数，接下来让我们再探讨一下痛苦到底是如何得来的。

上行下效是最有效的学习方式，痛苦也不例外。以孩子为例，他们最直接的上行下效对象莫过于常常与之接触的成年人，如父母、老师、叔叔、伯伯、阿姨、姑姑、爷爷、奶奶等。他们的痛苦、焦虑、怒火、姿态、表情都会潜移默化地到达孩子的意识中。除此以外，痛苦的学习还可能来自于电视、图书、网络……

那么，学习痛苦的过程又是怎样的呢？孩子的心灵就像一张白纸，老师、家长、他人直接讲的话会被孩子慢慢理解、掌握，并且一旦学会就很难忘掉。尤其是文学作品、教材书本、电视台词等，反复的学习、模仿会让他们的印象更加深刻。

通常来讲，孩子总是早早地接受"好与坏"、"对与错"的教育。俗话说：无规矩不成方圆，这些教育也是为了让孩子在今后的行为上能够有规矩可循，这对一个孩子的成长来说是无可厚非的。但是这种行为会扭曲孩子的天性，使其失去原本的秩序、自然的状态。

人类的地域风俗之所以能够一代代的沿袭下来，跟孩子受到的上行下效有关。每种文化内部都包含有各种各样使人产生痛苦心理的因素，通过学习，这些因素会逐渐转移并复制到我们的思维意识中。

因此，我们的痛苦不是与生俱来的，而是通过后天学习得来的。

[心怀希望，
不惧痛苦]

　　玄奘西游是历史上一段真实的故事，而小说《西游记》中的孙悟空、猪八戒、沙和尚都是作者凭空想像出来的。孙悟空无疑是整本书的核心人物，为了将孙悟空这一形象刻画的生动，作者洋洋洒洒用了几十万字。那么作者究竟想表达什么呢？本节将告诉你孙悟空是逍遥还是苦恼，是痛苦还是快乐。

　　五百年沧海桑田

　　顽石也长满青苔

　　只一颗心儿未死

　　向往着逍遥安闲

　　哪怕野火焚烧

　　哪怕冰雪覆盖

　　依然是志向不改

　　依然是信念不衰

　　蹉跎了岁月

　　激荡着情怀

　　为什么，为什么

　　偏有这样的铺排

　　为什么，为什么

　　偏有这样的铺排

　　这是孙悟空被困五行山下时响起的啜泣之声，冰雪覆盖、顽石青苔，花谢花开、秋雨凄凉。孙悟空在五行山下足足被压了500年。这对他来说，是命运的转折点。尽管出来后他的秉性依然未改，但整个生命状态却已与原来有天壤之别。

以前的他无法无天、天地纵横，敢把金箍棒捅到天上，敢在幽冥界暴打阎王，敢和玉皇大帝一较高下，一心要做齐天大圣，敢搅闹蟠桃盛会，偷吃蟠桃，敢与10万天兵天将兵戈相见，敢逼着玉帝钻到桌子底下，敢在如来佛祖面前毫无惧怕。

他仗着菩提祖师传授的一身武艺，自己想干什么就干什么。谁敢不服就过过招，一较高低，看谁不顺眼就疾恶如仇，仗义出手。真是活得逍遥自在，舒畅至极。不过，在这种逍遥安闲的日子背后好像已经躲藏着灾难的来临。

对于一个整日活蹦乱跳，坐不住的猴子来说，没有什么比困在五行山下更让他觉得痛苦、恐怖了。500年的折磨实在是太漫长了，漫长得让人难以想像。在后悔、无奈与痛苦交织的折磨中，他拼命地喊叫："玉帝老儿，如来，俺老孙被你们骗了！"谁也想不到孙悟空也会流泪，然而想想从前的"逍遥自在"，再看看现在的自己，不免悲从中来。

虽然后来被唐僧从囚禁中解救出来，但他再也不能像从前那样，想做什么就做什么了。因为他头上多了一个束缚自己行为的金箍。而唐僧的要求就像列车行驶的轨道一样，一旦脱轨，金箍就将施展它的威风了。

虽然他不能再像从前一样为所欲为，但他的秉性却没变。要想不受惩罚就必须按照唐僧的标准做事，并且他在做事情时会不断暗示自己，千万不能违规，要不然头又该疼了。孙悟空明显变乖了，变得懂事、听话、守规矩了。

尽管以前他做了很多荒唐乖张的事情，但我们却并不会因此而讨厌他，甚至还会有些喜欢。后来，他变乖了，变得中规中矩了，但作者将其塑造成这个样子却不一定就是我们所愿意的。

原因是什么？是因于现实中的我们也是这样走过来的。小时候，我们像孙悟空一样，可以随着性子任意妄为，只要自己乐意，不管三七二十一也要去做，只要不喜欢就会毫无顾忌地发脾气，使性子。

但是，我们却在一点点地长大。长大是什么？长大就是使自己的行为更符合社会的标准，不能想做什么就做什么。长大就是要我们做事情时学会瞻前顾后，说话符合社会的要求，不能疯言疯语，胡说八道。长大就是为人处事要通情达理，不能想怎么样就怎么样。总而言之，我们要想生活得更美好，就必须让自己更加符合社会的要求，按照社会的规范为人处事。

人在什么时候最痛苦？就是是知道真实的自己却又无法再成为真实自己的时候。在现实社会中，也许我们有能力使自己生活得很好，但我们却免不了在某个不经意的时刻突然醒悟，发现自己离真实的自己越来越远，甚至已经记不清自己是谁了。

我们拥有多少物质并不代表我们就有多少真正的快乐，同样我们在社会中赚取的功名也不能决定快乐的多少。快乐存在于我们心中，逍遥是为了成为真正的自己。我们本着这个目的出发，但我们已经走得太远，以至淡忘了为什么而开始。

每个人的成长都像孙悟空一样，一半是逍遥快乐，一半是烦恼痛苦。生活本身就是一种束缚，我们没办法只选择逍遥而抛弃烦恼，每个人都会经历像孙悟空一样的人生。但值得庆幸的是，不论孙悟空在唐僧面前变得如何乖，如何诚实，但他的秉性率真、好动、顽皮却始终没有改变。

你的秉性又是什么？在人生的各种变化中，你是否还属于你自己，还能认得出你自己？人生就像一次旅行，每个人都满怀希望地上路，但经历过很长一段时间的不懈努力与追求后，我们终于发现，原来人生的希望不在远方，而在自己心中。

幸福是一份 独特的自我体验

如果你感觉幸福，那么幸福已在你身边了；如果你感觉不幸福，那么幸福已经离你而去了。幸福永远不会成为客观的实体，它只能以你的一种感觉而存在。作为一份独特的自我体验，每个人的幸福都各不相同。幸福就像一杯咖啡，细细品味后总能尝到甘甜，而属于自己的真正幸福，别人是无论如何也拿不走的。

我们一直渴望得到幸福，希望拥有幸福，那么幸福到底是什么呢？是梦想实现后的愉悦心情，是梦想成真时的欣喜若狂，还是得到别人表扬、赞美后的洋洋自得，亦或是一种被保护的感觉，被尊重的自豪。我们所寻找的真正幸福难道就是这样吗？

幸福是存在假象的，有时我们所感受到的幸福不一定就是真正的幸福。真正的幸福就像涓涓细流，可以在我们生命中生生不息地流淌；真正的幸福就像慢慢绽开的花蕾，是一种完完全全地自然开放。

而真正的幸福，是一种生命的自然状态。有求则苦，无求则高。如果我们为了获得某种更好的生命状态，并把它当作真正的幸福，痛苦就会在这种欲望中慢慢滋生出来，而且愈演愈烈，痛苦也就越来越深。

假象中的幸福一旦降临，那么痛苦也就随着开始了。因为存在于假象中的幸福总是短暂的，幸福过后，随之而来的必然是极度的痛苦。在这种痛苦中，我们可能会觉得生命的价值已经终止，可能会身陷疑惑或茫然中无法脱身，可能会觉得幸福过后总是负担与压力。

赫尔曼的自杀就是一个最好的实例。赫尔曼是一名英国残疾青年，残疾的身体让他苦不堪言，于是他就把人生的目标、意义设定为征服最高的山峰。这是一种生命的顽强，也是对自我的挑战。由于不甘忍受命运的摆布，所以他选择与命运抗争到底。

当他年仅19岁时，就登上了世界最高峰珠穆朗玛峰，这让他对自己不幸的命运感到些许安慰。接下来，21岁时，他登上了阿尔卑斯山；22岁时，他登上了乞力马扎罗山……28岁前，他登上了全世界所有著名的高峰。

在马斯洛的5大需求理论中，自我实现与自我超越是人类的最高需求。因此，对于他的豪举，人们都充满惊叹与褒奖，甚至给不少在逆境中苦苦挣扎的人带来希望与安慰。出乎意料的是，在他28岁那年秋天，他在寓所里自杀了。

既然连命运都可以战胜，他为什么还要选择自杀呢？这令很多人费解。从自杀现场，人们找到了他留下来的遗言："当我攀登上那些高峰之后，功成名就的我，就感到无事可做了，我没有了新的目标……"这就是他自杀的理由。因为没有了目标，生命也就失去了存在的价值？！

生活中的我们又何尝没有过这种感觉呢！相信很多人都有过与他如出一辙的内心感受。当人生失去目标后，生命也就在我们心中失去了乐趣，失去了存在的必要。如果一个人把目标作为生命的全部，把幸福完全寄托在目标实现后，那么纵然有一天我们能如愿以偿，这种幸福只是短暂的。幸福过后，剩下的只会是痛苦与迷茫。

一位老板在接受记者采访时说："当资金积累到10亿时，金钱已经完全失去了它本身的存在意义。"对很多人而言，拥有花不完的钱就一定会获得幸福的生活，但他却重新感受到了比以往更加严峻的迷茫。

他把拥有足够多的金钱作为自己的人生目标，当然奋斗中的艰辛也是漫长、详细的。当他拥有100万时，曾有过一些短暂的快乐，但很快就被500万的目标控制住，从而踏上更加艰苦的奋斗之路。直到获得了10亿，他已经不能再从这些不断攀升的数字中获得幸福的快乐感了。

通过上面这个故事，我们可以知道目标、意义后面不存在真正的幸福。如果我们依然想通过追求它们来获得幸福，最终，我们踏上的注定是通往幸福的歧途。人生的目标及实现只是为了让自己走得更远，看得更多，体验得更丰富，从中我们可以让自己的内心有种目标实现后的满足与快乐，但这并不能代表我们所真正希望拥有的幸福。

真正的幸福是单属自己，别人无法拿走的。如果你还在孜孜不倦地追求着心中渴望的幸福，这时，逆境生存的智慧会告诉你，它就存在于你的真实生活中。

我们的生活之外不会存在真正的幸福，因为它既不是物质财富，也不是一首歌，更不是一句话，它是我们生活中一种无形却又真实存在的感觉。

真正的幸福是一种自然状态下获得的真实感受。我们虽不能把它拿出来炫耀，但却可以拥有它，我们虽不能完全控制它，却可以怀着幸福的感觉与人分享。在真正的幸福面前，自己尚且如此，别人又怎么能将你的幸福拿走呢？

在痛苦中
收获幸福

人生经历痛苦是在所难免的，然而一种痛苦却可以有两种滋味。其一是当痛苦初次降临时的感觉，自责、悔恨、无奈、迷茫，这是大多数人所共有的感觉。如果你只知道在痛苦中不断咀嚼痛苦，那么痛苦的味道便会越变越浓，甚至苦不堪言。如果我们能从痛苦中学会解脱、超越，那么到头来痛苦的滋味就会变成珍贵的回忆。

每个人都在追求幸福，逃避痛苦。我们经常会因为痛苦而难过、伤怀，但是，如果生活中真的没有了痛苦，我们就能获得快乐和幸福吗？快乐是痛苦后的精神升华，一次次的失败，一次次的成功；一次次的被淘汰，一次次的晋级，真正的幸福和快乐，一定是痛并快乐着，哭并微笑着的。

只有有了困难，我们才更需要对生活充满热爱；只有懂得痛苦，我们才会感谢赐予我们幸福的人和事。雨打梨花，飘零满地，但落花不会因为我们的顾恤而重新回到枝头；滔滔江水，勇往直前，它不会因为我们的痛苦而掉转浪头、停止活动。面对痛苦，我们所要做的就是认清真实的自己，并为此而坚持、执着。

每个人的内心都存在两个部门，一个部门装着幸福、快乐的时光，另一个部门则存放着痛苦、悲伤的经历。每个人在回顾自己的人生经历时，都逃不过这些词：幸福、痛苦、快乐、忧伤、欢笑、泪水、甜美、孤傲、坚定、迷茫、激情、梦想、选择、收获、温暖、热情、冷淡……但是不管我们内心装着什么，我们生活的主题都只会是痛苦和快乐。

但遗憾的是，在现实中很多人在痛苦中品尝到的只有越来越浓的痛苦。尤其是在这个浮躁的时代里，我们更加在乎外在的物质追求，简单的感官刺激，因为生活的节奏太快了，工作的压力太大了，我们还来不及品味痛苦，就已经让内心的痛苦堆积如山了。

生活是五彩缤纷的，风雨与阳光同在，而工作中的事更是复杂多变，千丝万缕的。比如在职场中，人际纷争就是造成痛苦的一个重要根源，男女暧昧更是一个永恒的话题。

这是一个关于男下属与一个女上司的故事。男下属初入职场不久，就得到了女上司的欣赏。她是一个很有魅力的女人，30多岁，既漂亮又能干，浑身上下透着一股浓浓的女人味。他知道，她丈夫很有学问，是搞研究的，常年在外地。

他们常一起看片子、喝酒，她甚至邀请他去她家做客，亲手给他做饭吃。他们之间有过亲密接触，只是从来不留他在家过夜，她的理由是心理上不习惯。好像所有的男人都一样，在若即若离面前，更是无法自拔，他满脑子里都是她，甚至觉得自己已经完全被她控制住了。

他很想将这种关系升级，但每次都会遭到她的拒绝，这令他痛苦万分。一次偶然的机会，他在路上撞见了她和她丈夫。在他看来，那个男人确实气质修养非常好，显然比自己高出许多。但令他迷惑不解的是，为什么她守着这么好的一个丈夫，还要拿自己寻开心呢？

他搞不懂，是不是女人都很贪婪？还是她真的有那么一点喜欢自己？女上司到底是出于一种什么样的心理呢，真如他所想的那样吗？对某些女性而言，暧昧不过是她的情感游戏，平静生活中的调味剂，是她们繁重工作中的解压方式。情感的空虚是不能被她们容忍的，对于每日独守空房、骨子里却传统守旧的女性，暧昧更是她们常用的一剂灵丹妙药。

可惜的是，面对这种状况，男下属却陷入了极度痛苦中无法自拔。如果他能够看清问题的根源，也就不用如此迷茫与困惑了。但现实生活中，真正的痛苦又何止这些，有太多太多的痛苦令我们无法自解，甚至因为无法承受痛苦而让自己陷入孤独、空虚、抑郁之中。

在痛苦中生活久了，我们难免会心生孤傲，感到无助却又无可奈何。孤傲是一种自我心理感受。有孤傲心理的人常在芸芸众生中，感觉自己不被任何人理解，心灵在孤傲中默默忍受着黑暗的侵袭。在孤傲的人眼中，他人都是自己的地狱，因为在他们眼中没有人可以真正的理解自己。

如果无法拥有自己想要的幸福，就可能与抑郁不期而遇。所谓自古逢秋悲寂寥，心中藏有抑郁之毒的人经常如秋风落叶一般，枯黄憔悴，没有一点光泽。他们也最怕深秋的到来，正是"已觉秋窗秋不尽，难堪风雨助凄凉"。幸福不会因我们备受痛苦的折磨而眷顾自己，因为幸福不在别处，它就在我们自己心中。

在痛苦中我们还可能会感到空虚。空虚是一种难以用语言描述的情绪，感到空虚的人会身陷一种百无聊赖、闲散寂寞的消极心态中。他们经常会说："反正事事不如意，就这么混吧，不然还能怎么办呢？""算了，就这样吧，没啥干头了！"不少人刚刚40出头，就感叹"好时光已过，自己不中用了"。如果是这样，即便我们渴望得到幸福，它也只会离我们越来越远。

真是千头万绪，幸福到底在哪里呢？我们又该如何在痛苦中掌握幸福呢？上面已经提到幸福是痛苦后的精神升华，在痛苦中升华自我就是让我们不要过分地以自我为中心，强求别人，苛责自己。我们之所以在痛苦中苦苦挣扎，是因为自己的占有欲太强了。真正的幸福是一种感觉，是别人无法拿走的，过分地向往、追求是无法得到它的。

当我们经历了痛苦的种种误区，看清了幸福的真面目，就不会再拿学来的痛苦进行自我折磨了，也不会再因人生的无奈与无助而悲悯自怜了。对一个真正获得幸福的人而言，他会虔诚地感谢生活中那些痛苦的折磨，因为正是它们的存在，才让自己获得了幸福的真谛。

不要再终日抱怨那些痛苦的经历，要想在痛苦中收获幸福，首先就要学会感谢那些折磨我们的痛苦经历。

人生需有收有放，
别让思想
禁锢了你的行为

•

⑤

　　每个人都可能会身陷逆境，但是有些逆境并不是突然降临的，他与我们根深蒂固的思维模式有着密切的关系。一个人拥有什么样的思维模式，就可能得到什么样的人生状态，也必将面临什么样的局面。当遇到逆境时，我们惟有放下包袱，才能幡然醒悟，浴火重生。

敢于突破
自己的限制

你知道使你感到束缚的原因在哪里吗？你不妨阅读一下下面这则故事，它曾在一些著名的书中提到过：

马戏团里，驯兽师正在用一条细绳绑在大象的脖子上，让这头体积庞大的动物完全按照他的意思进行表演。一名观众很好奇地前去询问他驯服大象的方法。

"非常简单。"驯兽师答，"在大象还小的时候我就用铁链绑住它。刚开始它会想法摆脱，但无法实现，这样过了一段很长的时间后，我再将铁链换成细绳。大象以为绑住它的仍是铁链，即便到它长成硕大无比的成象后，还是会乖乖地任我摆布。"

好残忍，不是吗？

但你是否想过，自己在生活或工作中被多少条这种无形的细绳绑着脖子？很多人害怕站在人前、害怕这辈子永远不会成功、害怕整天无事可做、害怕事情不能马上看到成果……

所有这些事情，如果详加询问，都可以追溯到过去那些不痛快的经历：或许是小时候被一群认为有趣的大人们逗着玩，被陌生人突然揪住说面相不好，在演讲台上瞠目结舌直到被老师请下台，找工作时惨遭嫌弃或对方为了自身利益贬低你的能力……

"到底因为什么我做不好？"你也许曾尝试着去改变，也可能害怕面对这个问题，甚至深深地认为自己对此毫无办法，即使你未来的路还有很长，你对这些事的看法也只局限在一两次的经验而已。

你也许看过或听说过别人不畏艰难险阻、登上成功巅峰的例子。那么"为什么别人总能那么轻而易举地获得成功？一定是我命运不好或是能力太差，要我成功，真是比登天还难啊！"

当我们历经重重关卡，终于看到曙光的那一刹那，每个人都有大松一口气的感觉。之所以会如此，是因为让我们感到沉重的往往不是压力本人，而是来自内心的挣扎，我们总能感到自己内心不断交战，一个声音一直说："太糟了，抛却吧！"另一个声音却说："不要紧，撑过去。"在他们痛苦不堪、无力前行时，只能以意志力继续撑下去。

坚持是一种勇气，更是一种智慧，明了这一点的人更容易成功。比如林肯和亨利·福特，他们在成功前也破产多次。假如他们在破产多次后决定放弃，相信不会有什么人对他们求全责备。因为在多数人的眼中，他们的确已经尽了力。然而他们却没有抛却，他们在尽力之后，仍以惊人的耐力继续前行。

由此可见，成功属于那些贯彻始终的人！

其实，这世上人与人之间从本质上相差无几。为什么有的人能成功，有的人却失败了呢？其实，那些成功者的"特质"，就在于他们能看到自己受限制的地方，一而再、再而三地去突破它。而那些失败的人，却很少看到自己的限制，即使看到了，也鲜有勇气去突破。

你有没有想过，你自己的限制在哪里？

允许自己的人生拥有缺憾

将苛求完美的目标扩大，脚步放慢，心境放宽。与其为了满足别人的要求而强迫自己，不如试着反过来，在满足自己的需求中照顾到他人。

我有一个朋友，他就像个"天使"一样，无私、从不说人坏话、富有爱心、喜欢照顾他人、不善妒、也从不口出恶言。在家里，他的父母非常宠爱他的姐姐，以致他姐姐常常对他颐指气使，不拿他当一回事，他对此也无半点抱怨。

直到他读完大学多年后结了婚，这样的情形才算改变，不过，不是他父母或姐姐做了改变，而是他脱离了那样的生活环境。

他与妻子搬进共同建造的新房，一天，他在客厅里坐了许久，突然感触良多地说："原来能坐下来面对真实的自己，感觉这么美妙。"

他在家里不受重视这一事实自己心理非常清楚，上天赋予姐姐美貌智慧和十八般武艺后，给他唯一能与之匹敌的是难得的成熟懂事，当然他也不是没有其他方面的才能，只是他姐姐没有这项长处而已，正因如此，"能者多劳"的冠冕在他头上闪闪发光。他开始汗流浃背地说着别人想听的话，姐姐从母亲的宠爱中夺走所有的注意力，他一直试图从他的"苛求完美"中分到一杯羹，争取他也应得到的关爱。

事实上，他也希望能像姐姐一样敢于做梦，勇于实践。然而那些对姐姐而言只要说做便能做的事，在他脑海里却都会首先浮现出这样的情景：我这样做会不会影响到别人？我的想法够完美吗？爸爸妈妈是否喜欢我的决定？这样做会得到姐姐的支持吗？

直到这一刻他回想起以前，才发现自己为了讨好别人而花费了太多的心血与时间，以至于当他坐下来为自己的道路计划时，产生了这辈子全是为他人而活的伤感。

在平时，很多人都是个好好先生或好好小姐，即没脾气又体贴善良，这些充满爱心的天使的存在让我们感到欢喜，同时也习惯了他们的付出与服务，直到他们经历了极大的挫折或失意，不经意地说出："真希望大家不要对我有那么高的要求……真希望我可以不用活的这么累……真希望我也可以像别人一样偶尔自私一点、占点小便宜，犯些小错误……"这时，我们才突然发现他们原来也和我们一样，同样有着七情六欲。

追求完美固然很好，但为了苛求完美而贬低自己是不应该的。

人生中的缺憾，是为了促使人们追求提高自己的动力。允许自己的人生拥有缺憾，将心比心，也能让自己接纳他人的不完美。

苛求完美的最大危险就是过分计较细节，反而让我们忽略了最重要的目的。

有的人为了苛求自己在职位上尽忠职守，却忘了继续追求成长，奠定升迁的根基；有的人因为苛求自己做全天下最好的父母，却忘了让孩子独立；有的人因为苛求自己做一个完美的妻子或丈夫，从而对对方的出轨百般包容；有的人因为苛求自己符合完美的媳妇形象，却忘了她这辈子最重要的责任就是活出自我。

完美不等同于讨好，不是低声下气满足所有人的要求，更不是贬低自己。

当你不得不在自己与他人之间选其一时，应当以长远的眼光来判断两者之间孰重孰轻。这样或许会为自己坚持一点态度而惹来极大的麻烦，但从长远来看，舍弃自己，反而会让自己沦为被别人任意指使的对象。因此，要敢于面对现实，为自己抗争到底。

最关键的一点是在做出这所有的努力之前，先要确定好自己的目标，别一味地追求完美而忘了自己的目的是什么。

寻找激发你渴望的目标

如果我们毫无目的地培养学习的渴望，不如先耐心地寻找能激发自己学习渴想的事物，因为只有找到适合你的燃料，才会让腾飞的力量永远伴随着你。

我有一个朋友，从小家境贫寒，念不好书。在成长的过程中，他得到的只是"吹牛"、"没用"之类的形容词，而"聪明"、"读书好"通常都是别人的父母用来夸赞自己小孩的话。

总而言之，班上"吊车尾"的差事从来就缺不了他。

高中毕业后，他误打误撞地进了一家杂志社工作，还经常跟随着杂志记者天南海北地做乡野调查。几年下来，他突然感到自己的体内有些莫名的因子在蠢蠢欲动，于是，不知不觉地他也提起笔将自己的生活经验一一记录下来。

几篇下来之后，他发现自己的想法虽然不错，但却碍于学无专精，生活历练又不够，要写出些有意义的文字实在很难。他因此很想回到学校继续读书，同时，他也对以前自己这种看到书就会睡着的人竟然有了学习的渴望这一发现而感到很惊奇。

当内心有了真正学习的渴望，却又考不上园内的大学，他不顾亲朋好友的取笑开始上补习班苦修英文，一年多后，他出乎所有人的预料被一所美国学校录取。更有趣的是当年在家乡以"吊车尾"为职的他在美国看英文书，讲英语，成绩竟然名列前茅。

不管在任何时间看到他，他都书不离手，只要是他喜爱的书总会随身携带以便在闲暇的时候翻阅。

从此，求知变成了他此生追求的最重要的目标，这是他在过去连做梦也想不到的事，差别就在于，从前他认为自己只能念别人规定念的书，而现在却发现原来自己可以找自己想念的书，"学习"一词在他眼中从此有了新的含义。

我们常听人讲"要努力培养学习的渴望"，貌似学习的渴望不是与生俱来的。然而学习的渴望的确是天生的，只是每个人感兴趣的事物不同罢了。许多人在旧式的教育体系下被窒息、埋没，或是被认为对指定的学习方式没有兴趣就是没有学习的渴望的表现。

事实上，扼杀学习的渴望是再容易不过的事，太多的人在想弄清楚自己的渴望在哪里时，就已经被潮流淹没了。

我认识的朋友中，有一位就对学习有着十分独到的见解。

他的亲朋好友经常带着孩子来向他夸耀：有的是苦学好几周终于练成的钢琴曲，有的是朗诵英文小故事，有的是才艺班画的水彩画，或是几个姿态曼妙的芭蕾舞步。

他们经常劝他："现在的社会竞争激烈，如果不这么栽培孩子将来会和同龄的孩子落下一大截，会被时代抛弃。"

对于这些话他经常一个耳朵听一个耳朵出，一转眼就又带着孩子去游山玩水了，或是到书店闲逛。如果孩子吵着要学什么，他就自己去买书，回到家召集老婆孩子一起进行研究。

接下来你会看到，想学这种才艺的不只是孩子，连他们夫妻俩也学得不亦乐乎。

"什么才艺班、补习班，全都是向钱看齐，几年下来小孩还是学不到什么真本事。我和孩子这样做既能培养感情，又能互相督促学习，有什么不好？等孩子大些了真的有心想学再送他去好好进修也不晚。"

"世界上有这么多的孩子在同时念书，但他们之中只有不到10%的人能成为伟人名垂千古。这世上伟人的数目会因父母们花下这么多钱把孩子逼得死去活来而有所增多吗？不但不会因此增多，反而使哀怨的孩子和郁郁寡欢的家长有增无减。何必跟孩子过不去呢？只要能让他身心健康地成长，今后不成为社会的负担，我也算是功德无量！"他说。

事实如此，我们经常盲目地跟随世人口中所谓的成功模式，惟恐被别人落下，跟不上所谓的潮流。试问，又有多少人能够停下来，想一想对自己真正重要的是什么？

如今他的孩子也慢慢长大了，拿着自己打工赚来的钱去学想学的东西，也正是他们这样明智的父母，才使他学到了规划生活的本领。

所以，与其盲目地学习，不如先寻找能激发我们学习渴想的目标。

[被压力征服前 换一个方式去思考]

当我们发生意外时，大多会倾向于对自身能力的怀疑：我究竟是哪里做错了？是不是自己太笨？什么事情都做不好？

停——

这才是我们应该勉励自己的话：不论如何，至少我知道该如何重新开始。

你是否曾将全部的热情都投入到某件事中，并挖空心思想尽一切办法，希望获得最好的结果，却因为突如其来的一连串莫名其妙的困难，而将原本的热情浇灭，并让你的心情沉入谷底？

我曾在外国一家心理咨询机构实习，小心翼翼地维持了数月后，我所住的小镇突然下起了一场大雪，当天约好要见面的人一个也没有来。我完全可以用天气因素来说服自己，但我没有这样做，而是花了很多时间将过去在工作中所有的不顺利找出来打击自己，似乎跟我约好的人都很喜欢放我鸽子。

最后得出结论：首先我是黄种人，不可能在白人的社会中生存，自己又是菜鸟，英文也不好、能力又太差，大家都想躲着我，哎！我这辈子恐怕都会这样，不可能有出头之日了……

就这样，当我掉进自怨自艾的陷阱无法自拔时，我的练习者刚好走进来，将我写好的7页演讲稿改了几行，并将我重复犯的错误夸大，要我检讨改进。接着，他要我留意对客户所说的话——一周前有位祖母带着她正值青少年的孙子进来让我做心理鉴定，祖母现在状告到心理医师跟前，说我对她们不礼貌，竟然说她孙子的性取向有问题。

"性取向有问题？"我在脑中搜索当时的情形，我对那位祖母的印象还不错，但我不记得我和她说过什么性取向问题，这些人格测验怎么会和性取向扯上关系？练习者走后，我不断地回想当时的状况，慢慢想起来，那天我依照惯例背诵该说的话："这是一个心理评量的测验……"

那位祖母大惊失色："性向评量？"

有点痴钝的我稍愣了一下，说"不，我说的是心理评量，做的是人格测验……"就若无其事地接着去做我该做的事了，没想到她会这么在意。我自怜的因子又异常活跃起来，拼命地打击着自己，也许是我当时解释得不够清楚，肯定是我口齿不清，百分之百是我英文太烂造成的，更别提这些人对我的种族歧视了，我实在是受够了！这点小事，她竟然状告到心理医师那里，再通过练习者转告给我，我以后还要不要做人啦？

"不过没事了，心理医师说他已经将这件事处理好了，叫你以后说话注意点。"练习者接着说。

叫我注意点，注意什么啊？我越想越气。是小心不要乱说话？还是小心别人脑袋短路还反过来控诉我是神经病？我每天在这里工作的时间只有4小时，却得花上15个小时忙实习的事、想实习的事、做实习的事，难道这样还不够吗？

练习者走后，恼羞成怒的我再也无法忍受这阵子由于劳累所积下来的怨气，看看时间也离下班没差几分钟了，便开车回家。路过某个路口时，我心想："如果现在哪部车子撞到我，就可以将这折磨人的实习工作结束了，想想也不错。"

这个想法一出现，我就明白自己已经被压力征服了，需要换一种方式去思索了。握着方向盘，我想起自己拿到汽车驾照不过是几个月前的事，便问自己："如果心理咨询的工作就像在开车，既然开车时也会出些小意外，也会觉得自己是很烂的驾驶员，或是怕出状况而不敢再上路，但为什么我现在还在开车呢？"

我记忆的闸门慢慢打开，当我觉得自己是位新手驾驶员，或是马路上很危险，怕自己无法开车时，我都会不断地告诉自己："不要紧，冷静下来，冷静下来，从头开始……最基本的步骤是留意两边来车，看到'停'的标志要停，绿灯时……"

因为我曾经历从无到有，好不容易爬到现在的位置。现在只是踩空、滑了脚、擦破了点皮，并不代表我爬不上去，或是我不适合，我没必要将所有的问题都归咎于自己。

再糟，也不过是从头开始。

思路
决定出路

思路决定出路，希望的路就在脚下；心态决定状态，好状态就存在于自我突破中。

在人生的道路上，任何人都不可能一帆风顺，难免会碰到这样或那样的问题。当人生陷入困境时，你会怎么做呢？

身带残疾的人悲观地说："我的人生注定是不幸的，即便再努力也只是徒劳。"

出身不好的人说："我前景不好，智商也不高，这辈子只能这样过了，走一步算一步吧。总之是没法干一番大事业了。"

有人会满脸委屈地诉苦："我向来都非常执着，也非常努力，可到头来仍然一无所获，我真是对自己太失望了。"

在生活中，有这样一些人，他们喜欢夸夸其谈，却不付出一点实际行动，他们是生活中的空想主义者，终日不断地空想着，却始终没能达成一个目标。他们总是安于现状，却又忍不住抱怨，觉得自己生不逢时，常遭命运的捉弄。

还有些人在遇到问题时不知所措、畏缩不前，甚至把希望寄托在运气上。对他们而言，人生总是无路可走的，这是因为他们不但缺乏打败自己的勇气，还喜欢不劳而获，等着天上掉馅饼。

以上这些都是逃避困难的表现。实际上，只要勇于坚持，人生总是"柳暗花明"的，关键就在于你能不能突破自我束缚。

无论我们遭遇什么状况，都不要轻言放弃，更不能失去前进的勇气和方向。就算前方的路荆棘密布，就算背着沉重的心理包袱，我们也不能失去对未来的希望，更不能放弃自己的人生信念。

对于坚忍、勇敢的人而言，纵使森林边缘还是森林，他们也绝不会泄气；即便沙漠外还是沙漠，他们依然还会执着前行。坚定的毅力与信念终能让他们发现出路，冲破所有的障碍。当然，信念二字就如《士兵突击》中高诚对许三多的评价："信念这玩意儿，还真不是说出来的！"所以，不要因身陷困境就自暴自弃，也不要因自己的先天缺憾而放弃追求。

一个人之所以觉得自己一无是处，是因为他认为自己就是想像中的样子。一成不变的思维方式会掩盖真正的自己，如一只在鸡群中长大的小鹰，即便有一天它可以去翱翔蓝天，但它却不敢相信自己拥有这样的能力。

在2008年的春节晚会上，盲人杨光的出色表演打动了电视机前的亿万观众，还有家喻户晓的"智障指挥家"周舟的神奇故事，对于他们的人生经历，值得我们去深思。因为他们都是在突破了自身缺憾之后，创造了自己的人生奇迹。因此，不论我们遇到什么困难，我们都要拥有坚定的信念，给自己一股敢于向前的勇气。

在他们的故事中，打动我们的应该不只是他们抵达的高度，而更应该是"天生我材必有用"的意义。你可以远远超出自己人生现有的成果。我们不必奢望自己也能创造出像他们一样的人生奇迹，只要能够找回自信，冲破束缚，感动自己就可以了。

事实上，每个生存在世界上的人都有属于自己的存在价值，虽不是英雄，但也未必就是狗熊。正所谓，大材有大用，小材有小用。最重要的是要懂得做最好的自己。

不要认为成不了大事就不算成功，将身边的小事做好也可以成就你的人生。一个人，能真心真意地做好一件事就是不寻常的，生命的价值不存在有用与没用的差别。更多时候，我们之所以感到迷惘、痛苦，是因为我们忽略了当下正在做的事情的价值和意义。

是因为我们自己先否定了自己，所以才不能突破自己。生活中，我们都在为自己画一个圆，然后跳进去，接下来就开始在这个圆里消耗我们的每分每秒。时间久了，我们就认为生活的本质就应该是这样的，是毫无办法改变的。

当我们一不小心走到圈子边上时，就好比站在了悬崖峭壁上，不敢再向前跨一步。就这样，我们站在那里无奈地叹气摇头，又退回到自己厌烦的人生状态中。所有这一切，都是因为你缺乏向前走的勇气而造成的。只要我们坚信人生不可能走上绝路，总有一条能通向目标，并勇敢地冲破束缚中的自己，我们就能获得成功，达到生命的新境界。

星星之火可以燎原，困难面前，勇气同样可以点燃生命之灯，而且生活中从来就不缺少快乐。你的思路决定了你的出路，你的心态决定了你做事的状态，只有勇于突破自我，拥有良好的心态才能获得不平凡的人生。

[坚定信念，
突破逆境临界点]

在1973年，美国罗伯特·莫顿正式提出马太效应。它主要向我们概述了存在于当今社会中的一个普遍现象：好的越好，坏的越坏，多的越多，少的越少。在生活中，我们很容易陷入这样的恶性循环，也很容易进入这样的良性循环。

在《圣经》中，"马太福音"第二十五章中这样写道："凡有的，还要加给他叫他多余；没有的，连他所有的也要夺过来。"这就是马太效应的雏形，而《圣经》中的一个故事却让它积厚流光到现在。

一个国王要去远行，临走前，他交给三个仆人每人一锭银子，并吩咐他们："你们拿它去做生意，等我回来时，再来见我。"

过了很长一段时间，国王回来了。

第一个仆人告诉国王："主人，我用你交给我的一锭银子赚了10锭。"于是国王奖励了他10座城邑。

第二个仆人说道："主人，我用你给我的一锭银子赚了5锭。"于是国王就奖励了他5座城邑。

第三个仆人向国王汇报说："主人，我一直将你给我的一锭银子包在手巾里存着，生怕丢失，一直没有拿出来。"

于是，国王下令将第三个仆人的那锭银子赐给第一个仆人，并且说："凡是少的，就连他所有的，也要夺过来。凡是多的，还要给他，叫他多多益善。"

这个故事之所以能源远流传，在于它所包含的耐人寻味的道理。实际上，马太效应是个既有消极作用又有积极作用的社会心理现象。积极能让人交上好运，消极则会让一个人的处境越来越坏。

正所谓："一顺百顺事事顺，一损百损事事损。"如果一个人身陷逆境，并对此一蹶不振，终日只知自怨自艾，并甘心安于现状，那么他所面临的处境可能就会越变越坏，甚至很可能让他陷入极度糟糕之中。反之，如果一个人处在良好的状态下，他的决心与信念就会大增，做起事情来也会很积极，从而得心应手，这种心态和做事方式会让他处于一帆风顺的状态中，

"天有不测风云，人有旦夕祸福"。人生就像天上的云一样变幻莫测，充满了不可预知的变化。任何人都不可能一辈子平平安安，也不可能一直都恶运连连。任何人都会面对人生的不同状态，或好或坏，或让自己感到惬意满足，或让自己进退两难、夜不能寐。人生的成败与自己目前所处的位置无关。因此，处在什么位置并不重要，自己是否拥有自我超越与勇于追求的勇气、决心和信念才是最关键的。

如果一个人相信自己的未来是美好的，或对未来的生活毫无信心与希望，那么，他的人生就会向着自己预想的地方一点点靠近。纵然自己的处境十分艰难，甚至身陷重围，前者仍旧会对未来充满希望并怀有夸姣之情，乐观地面对生活中的每一天，而后者的境况却会越变越糟。因此，只要我们坚定信念，敢于面对心灵的困惑，总有一天会和好运迎头相撞。

一个人心态的最好反应就是他目前的状态。当我们面对困难束手无策时，当我们在混乱的情感面前茫然不知所措时，我们就会感到悲观、绝望、放任自流。因此，现状每况愈下，越来越差，时间长了我们也开始慢慢适应这种状态。尽管我们也会在痛苦中挣扎，却很难再次突破已经习惯的内心瓶颈了。

每个人身陷逆境时，都会面对一个突破临界点，而勇于面对还是放任自流将决定你是否能逐渐改变面临的一切。

有一个人到野外探险，到处都是雪窖冰天，渺无人烟。一不小心，他掉进了一个冰洞里。

他用尽一切办法想从洞中爬出来，然而由于洞壁太滑，一点爬出去的希望也没有。但他没有放弃，但他同时也理智地知道，如果一直这样爬下去除了消耗体

力外毫无用途，除此之外在洞里呼救也是没有任何意义的。不过，他很清楚，如果自己爬不出去只有死路一条。

生死关头，积极的人总是会不断寻找出路，消极的人则只会听天由命、坐以待毙。他猛然想起自己随身携带的行囊中有段绳子，于是马上把它拿出来。绳子一端有钩子，他想自己可以把它扔到洞外，也许会挂住什么东西，这样自己就可以顺着绳索爬上去了。

行动开始了。他一次又一次地将绳子扔出去，但绳索始终没有挂住。这难免让他有些绝望，或许自己真的要死在这里吧。但转念一想，与其这样活活地困死还不如做点什么。也许洞外有钩子可以挂住的东西，只是好运还没有降临罢了。想到这，他又开始行动了。

当自己无法看到希望时，很多人都会选择放弃。而他却一次又一次地重复着单调的动作，扔——拉——扔——拉——连续五天，他不断地重复着。因为他知道，这是自己活下来的唯一途径。

就这样到了第六天，他是真的失望了。尽管他还在不停地重复着扔——拉——但一切行为都显得那么机械。突然，钩子像是挂住了什么东西，他用力拉了拉，果不其然。失望中希望降临了，他眼睛里充满了激动的泪水，当时的心情难以用语言描述。

就这样，他顺利地爬出了冰洞。而此时，他最想知道的是，钩子到底钩住了什么？令他吃惊的是，在离洞口2米远的地方，一个拇指大小的小洞救了他。

面对这样小的机率，很多人会选择放弃，只有极少数人在希望中坚持着自己的信念。对于身陷逆境的人而言，逆境生存的智慧就是寻找这个距洞口2米远的小洞。要突破困境，就必须对自己充满信念和决心，只要自己坚定这份信念，就可以突破逆境的临界点。

别让自己走入思维的怪圈

　　做个小测试，请你快速说出2+3×4=？如果你的回答是20，我会用微笑的眼睛看着你。此时，只要你稍加思索，就会知道自己的答案是错的，谜底揭晓应该是14。这么简单的问题，为什么会回答错呢？这就是藏在你头脑中的思维定式在作怪。

　　美国作家斯宾塞·约翰逊的这本《谁动了我的奶酪》绝对是一本畅销书，并一度风靡全球，书中一个很出色的故事向我们阐释了这个时代的变化。作者在书中的序言部分写道：

　　　　再完美的计划也时常遭遇不测

　　　　生活并不是笔直畅通的走廊

　　　　让我们轻松安闲地在其中旅行

　　　　生活是一座迷宫

　　　　我们必须从中找到自己的出路

　　　　我们时常会陷入迷茫

　　　　在死胡同中搜寻

　　　　但假如我们始终深信不疑

　　　　有扇门就会向我们打开

　　　　它也许不是我们曾经想到的那一扇门

　　　　但我们终将会发现

　　　　它是一扇有益之门

　　一切都会在我们的不经意间发生变化，而我们却固守在一种思维模式中。面对变化，很多时候我们都无能为力，如果我们不改变，就会在变化中被抛弃。如果我们总是用陈旧的观念去应对外在的变化，人生很多美好的事情都将与我们擦肩而过。

经研究发现，人的思维是有惯性的。每个人都有属于自己的生活经历和实践经验，这些经历和经验会影响我们的思维方式。生活中每个人都会受到它的限制。从小到大，每个人都有着自己特定的生活经验，家庭环境，父母的性格、成长的地方以及文化风俗都将影响你未来的思索判断。

尽管每个人所拥有的思维方式不同，但相对而言思维定式却是一个十分普遍的现象。所谓思维定式，就是一种习惯转化成了思维模式，它主要是指人们熟悉事物时会有预备的、带倾向性的心理状态去分析问题和解决问题。

忙碌的生产车间里人来人往，老板来到这里，亲自查看产品的出产情况。因为产品适销对路，销售部对产品的需求量越来越大，而这也成了老板最关心的问题。为了使产品的质量得到提高，近来他频繁地到车间查看。

一次，查看完出产情况，在临走之前，他在出产部的公告栏上写下这样一句话："今天，梁睿所负责的出产线最好，出产产品400件。"事隔三天后，他又在公告栏上写下一句话："今天，安娜所负责的出产线最好，出产产品480件。"

就这样，一个月下来，车间出产的产品总量竟比平时多出了3万件。不仅满足了市场部对产品的需求，还使整个生产车间，你追我赶，相互竞争较量，个个都精神饱满，一脸不服输的样子。

在这个故事中，聪明的老板就成功运用了一个心理学方法——心理暗示法。他留下那句话，就是在暗示出产部的其他员工，你做得还不够好哦，都应该像出产产品最多的人看齐。从另一个角度来看，相信出产部的其他人都有了一定的心理压力，于是你争我赶的局面也就一天天地形成了。

在生活中，很多人都习惯顺着定式思维思索问题，并认为这是最公道的判定方式。直到思维定式让自己陷入困境时，我们才会对自己的行为及思索问题的方法进行反思。当然，思维定式不一定都是坏的，它既有非常积极的意义，也具有它负性的一面。更准确地说思维定式是动态的、辩证的。

不会变通难成功。如果用负面的思维定式指导通往成功的道路，成功必定会与我们背道而行越来越远。此时，我们需要的不是努力、奋斗、坚持，而是冲出思维定式的束缚，改变自己的思维方式，从而踏上正确的道路。

很多人认为工作不过就是为了拿到一份不错的工资，只要完成工作任务老板就会高兴、满足，拥有足够的物质生活就是成功，获得更多的利益就是幸福。这些都是负面思维定式。如果不能对此类错误及时作出调整，我们便常常会与成功打擦边球，如果不能及时地对这样的错误思维方式做出改变，我们就只能对成功望洋兴叹。

大多数现代人都渴想成功，追求幸福，但更多时候是在逆境中挣扎，在痛苦中呻吟。随着生活水平的不断提高，人们心中的幸福感却并未随之水涨船高，而是感觉生活变得越发烦恼，压力也开始越来越大，人生越来越没有意义，思维也逐渐变得堕落。

到底是什么使我们陷入了这样的困境？我们的出路在哪里？成功的意义又是什么？真正的幸福在哪里如何寻找？面对这些问题却很少有人能给出让自己满意的回答。

这是一个物欲横流，利益驾驭精神的时代。不少人被物质束缚，被利益腐化，在他们眼中，成功就是拥有比别人更多的物质，让自己获得比他人更多的利益就是幸福。为了达成这个目标，他们不停地追逐着、忙碌着，甚至还会在某些时候使用过分的方法或手段，并认为这是理所当然的生存法则。

什么才是成功？难道通过非法手段获得暴利就是成功吗？什么是幸福？难道终日为物质奔波为利益烦恼，就是幸福吗？尽管很多人从内心反对这种做法，但现实中又有多少人无奈地走向这条道路？当很多人都心甘情愿地把错误当成真理，把误区当做坦途时，思维定式就具有了不可逆转的力量。

我们应该打破这种思维定式的束缚，这时逆境生存的智慧就会告诫我们：习以为常的不一定是准确的，大家都在向往和追求的不一定就是自己想得到的。

我们要学会理性的反思，在通往成功的道路上，杜绝盲动的跟从，更不能人云亦云、随波逐流。成功本无路，因此我们要学会改变，及时对现状作出准确的判断和调整，及时避免错误的发生。

设定一个合理的目标

拥有目标并不一定能收获成功，持之以恒并不一定会得到好的结果。生活中每个人都有自己的目标和理想，目标太大，超出了自己的能力范围，就很难实现；目标太小，轻而易举就能做到，会使人产生骄傲自满的心理。因此，有目标很重要，制定一个合理可行的目标更加重要。

有时，目标会成为我们的绊脚石，一味的坚持会让人身陷人生的沼泽地。因为目标太大，我们的能力有限很难达成，从而对自己悲观绝望；目标过小，会让人产生狂妄自大的负面心理。这些都会阻碍我们的发展道路。同时，如果目标本身就不合乎实际，那么越是对它坚持就越可能使自己陷入消极、迷茫之中。

在我国，人们都崇尚把自己的目标定得宏远一些，老师也经常教育学生从小树立远大的理想，父母也是望子成龙、盼女成凤。宏远的目标总能赢得别人几分羡慕的眼光，而对于那些胸无大志的人，大家会认为他能力平平，难成大器。但是，过大的目标真的就像人们所认为的那样吗？

在一条贸易街有三家染布坊。

第一家在门口挂出一块牌子，上面写道：本店是全国最好的染布坊。

第二家也在门口的显眼处挂了一块牌子，上面写道：本店是全世界最好的染布坊。

惟独第三家没有这么强调其词，只是在门口挂了一个小牌子，上面写道：本店是整条街最好的染布坊。

结果，第一家和第二家染布坊顾客很少，只有第三家生意兴隆，客人络绎不绝。

是什么成就了第三家染布坊呢？第一家的宣传过于显著带有强调的成分，顾客一想，喊出这么大的口号，肯定不诚信，而且其价格也一定高得离谱。第二家的宣传更是语出惊人，很明显是在忽悠顾客，谁愿意上这个当呢？只有第三家，尽管有强调成分，但其目标定得通情达理，对顾客而言，这种宣传也是最真实的。

这是一个带有幽默意味的故事，但其中的一些东西却值得我们思考！现在的一些商家、厂家，经常在企业远景中写上连自己都不敢相信的豪言壮语，对于这种现象，仅从公司名字上就可见一斑。

人数不过十来个的公司竟然叫"国际文化传媒"，一个小卖铺式的百货店竟然打出"百货商城"的招牌，一个以电话直销图书为主要业务，编辑部门只有2人的公司竟然是"北京某某经济研究院"，如此等等，不胜枚举。

商家如果此煞费苦心地为自己披上一件美丽的外衣，无非是想让自己有一个好形象。假如一个人给自己制定一个极不切合实际的目标，那只会让自己离目标越来越远。对于远远超出自己能力范围的目标，即便你坚持不懈，不肯放弃，那么这样的人生也只会是黄粱一梦。

身陷逆境并不可怕，可怕的是不知道自己陷入逆境的原因。如果自己的理想不够客观，就很可能使自己遭受更多的挫折；如果目标太过偏离实际，我们难免会在逆境中感到疑惑彷徨。因此，在制定目标时，我们一定要切合实际，客观地面对现实。

只有制定了合理的目标，才不至于在追求中感到疑惑，更不会在追求中迷失方向。同时，只有设定了合理的目标，我们才会知道自己下一步具体要做什么，才有尺度去衡量是否能够到达成功的彼岸。

对于身陷逆境的人而言，逆境生存智慧要求我们积极乐观、坚持不懈。但如果坚持本身就是错误的，那么放弃才是最佳的选择。我们要经常在实践中自我反思，思考自己设定的目标是否合乎常理，是否含有过分主观的成分。如果发现目标不正确，就要及时作出调整，这样才可避免没有任何实际意义的坚持与时间、精力的浪费。

或许，在很多人心中，制定人生目标就是寻找一些遥遥无期的梦想，但这样的梦想永远都不会实现。与其亡羊补牢，不如开始就让目标尽可能实际、客观。如何才能为自己制定一个合乎实际的人生目标呢？

第一步：把目标单独写在一张白纸上。很多人的目标都是不登记的，他们只是将它放在心里，这样的目标常常会在时间的流逝中逐渐模糊。所以，制定目标一定要落实在文字上。

第二步：在目标中写上完成这个目标所需要但是目前又没有的资源，如某种教育、职业生活生计的改变、财务、新的技能等。

第三步：把目标进一步细分之后，还要写下自己要完成每一步所需要的详细步骤。这同时也是一个检查清单，只有写下完成目标的切实步骤，你才可能知道自己的目标是否有实现的可能，哪些地方是不可执行的主观想像。

第四步：对目标细分后的时间安排，在目标表上写下你所要完成目标的详细日期。对一些无法确定详细完成日期的目标，要写出自己想要在哪一年完成它并以此作为年限。

第五步：整体掌握目标完成的时间进度，清晰所需要完成的每一小步，写下你所需要完成目标的正确时间。

第六步：照顾到整个目标的需要，你需要定一个周计划、月计划、年计划的时间进度表，以便自己可以按照预计的路线去完成。

第七步：在你的时间进度表上，规定好每个目标完成的时间，从而保证自己对要完成的事情有一个明确的时间概念。每到年底时，你可以回顾一下自己在这一年里面的进度情况，并画掉在这一年里面已经完成的目标。

打破思维习惯的局限性

　　每个人都会身陷逆境，但是有些逆境并不是突然降临的，他与我们根深蒂固的思维模式有着密切的关系。一个人拥有什么样的思维模式，就可能得到什么样的人生状态，也必将面临什么样的逆境局面，因为我们判定问题的角度都是以这个为根据的。当我们深陷其中，无法自拔，并在痛苦中逐渐看清真正的自己，于是我们醒悟，浴火重生。

　　不同国家或地区的人有着不同的文化背景，不同性别的人有着不同的心理特征，不同的职业、知识结构、家庭背景、成长经历等都会直接或间接地影响一个人的认知。我们每个人都有一套自己独特的认知模式，而这个认知模式中就包含着我们所特有的思维习惯。思维习惯就是我们的思维怪圈，所以不能简单地用好或坏来区别。

　　当我们了解了一个人的思维习惯，做起事情来就会得心应手、事半功倍，而当一个人知道了自己的思维习惯的局限在哪里，也就找到了突破自己的临界点。

　　让我们先来听一个耐人寻味的笑话吧。一艘载有中、美、法、德四国乘客的船出了故障，要沉了，只有跳水才可能有活路。但船上的乘客并没有意识到问题的严重性，在他们看来，只要船员修理一下就没事了。

　　所以，不管船员如何做工作，就是没人跳水。船长说："我来试试。"一会儿，他回来了，对船员说："请放心，大家都已经跳下水了。"船员都对他很佩服，问他用了什么办法。

　　他面带自豪地说："美国人喜欢运动，所以我对他们说跳水是一种非常好的运动；法国人喜欢浪漫，所以我对他们说跳水是一件非常浪漫的事；德国人有很强的纪律性，所以我对他们说，跳下去，这是命令；而对中国人，我说，大家都跳下去了，你还等什么？"

每个国家的人都有着自己独特的思维习惯，它会潜移默化地影响一个人的行为习惯。针对每个人而言，其思维习惯的影响还远远不止这些，可以说每个人的思维习惯都在无形中支配着他的行为方式。

在生活中，思维习惯的影响无处不在，不论我们做什么，说什么，还是有什么样的态度。思维习惯也一样具有优点，同时也存在不足之处，区别只是多少大小不同而已。在看待世界或与他们接触时，我们都带着一种特有的思维习惯，在这个过程中，这个习惯也将不断地刷新、变化。正因为存在局限，所以我们才能体会到自我突破的欣喜与快乐。

当我们拥有了欣喜与快乐，痛苦和挣扎自然就随之减少了。在一个固有的思维模式中，我们收获幸福，但也同样会在某些事情中感到痛苦和无奈。正是经历了那一桩桩、一件件折磨我们的事，才迫使我们有了一种突破现状、超越自我的渴想与勇气。

小米从小生长在一个传统的大家庭里，对如何做一个称职的女人，从小父母就给她灌输了一套中规中矩、忠于家庭、顺从老公的标尺。在她小的时候，母亲对她极其严格，甚至苛刻，这使得她从小就有一种想被人宠爱、保护的愿望，而对于父母，她只有一个动机，尽早离开。

基于这种环境与心理，中专毕业后，刚刚20岁的她就草草步入了婚姻的殿堂。尽管在结婚之前他就清楚的知道自己根本不爱这个男人，但嫁给一个比自己大8岁的男人，让她内心对被人宠爱、保护的愿望得到了实现和满足，并且当她得知自己在那个男人心目中的地位时，她彻底被打动了，于是不顾一切反对嫁给了他，甚至像在故意报复家人，逃离家庭的束缚。

婚后的生活虽没有想像中那么温馨，但男人给她的宠爱与保护还是让她的内心得到了满足。但是三年后，她的婚姻便开始走下坡路，愈来愈差。水瓶座的她崇尚自由、散漫、无拘无束，对家庭生活充满浪漫、温馨的期望，但老公的大男子主义做派让她尝尽了苦头。

生活中点点滴滴的琐碎如同一根根钢针刺伤着她单纯的心灵，和老公之间的矛盾也是日益激化，这不仅没使生活有所改变反倒使老公变本加厉地疏远她，甚至收回了对她的宠爱与保护。但是，从小受到的家庭教育使她无论如何也不能下定离婚的决心，于是等待她的只有无穷无尽的失望与痛苦。她身陷其中，欲哭无泪。

打破不了婚姻束缚的她并没有坐以待毙，让自己安于现状。她想试着改变自己，让自己变得庸俗，尽量迎合老公，让他得到满足。两年下来，这种失去自我的感觉让她的生活犹如梦魇，悲痛欲绝中她又找回了从前的自己，思索经营婚姻另外的方法。

她的方法就是想办法改变老公，让他变得符合自己的要求。尽管小心翼翼，但结果却是如她所虑，遭到了老公的强烈反对。后来，她又尝试了各种办法来改变夫妻间这种同床异梦、貌合神离的现状，但等待她的依然只有失望。

当婚姻走完第11个年头后，她终于下定决心要向老公提出离婚。在她看来，离婚是她在失望中看到的唯一希望，然而正是这一点渺茫的希望让她获得了前所未有的决心和勇气。

与老公离婚后，她如获新生般用长虚短叹的口吻说："感谢那些折磨我的人和事，也感谢那个一直困扰我的思维怪圈，是它们让我真正认清了真实的自己。"

我们每个人都会陷入这样或那样的思维怪圈中，甚至正在经受着它们带给自己的折磨、痛苦，然而也正是由于它们的存在，才使我们对自己的认知一点点明朗起来，知道应该坚持什么，明白应该放弃什么。

即便那些折磨我们的思维怪圈让我们的灵魂受尽了苦难，但我们还是应该感谢它，因为是它让我们获得了一股勇于向前的勇气和力量。它就紧箍一样牢牢地把我们束缚住，也正是因为我们经历了那些痛苦，才更加懂得自我突破与改变的重要。不会改变的人很难获得成功，当我们冲破自己的思维怪圈后，一定会发现一个不一样的世界和一个"凤凰涅磐"的自己。

用积极的暗示
鼓励自己

　　人的内心就像一片肥沃的土地，播种下什么样的种子，就会结出什么样的果实。佛说："一切话语都具有诅咒的气力。"坚信自己能成功，你就已经成功了一半；认定自己会失败，失败便已开始悄然降临。并且每一句话都会沉淀在自己心里，甚至成为潜意识。

　　在著名小说《最后一片叶子》中，有一个生命垂危的病人。他每天都躺在病床上，看着窗外一棵树的叶子在秋风中一片片落下，病人的身体越来越差，一天不如一天。

　　从病人的眼光中，人们看到的是一种无奈与失望。她说："当树叶全部掉光时，我的生命也就走到了尽头。相信这一天离我已经不是很遥远了。"

　　一位画家得知后，用彩笔画了一片叶脉清脆的树叶挂在树枝上。就这样，最后一片叶子始终没有落下。病人因为这片叶子的存在，竟然奇迹般地活了下来。

　　心理暗示是人的本能，同时也是人们一种无意识的自我保护能力。当人们处于危险境地时，会根据以往形成的经验，捕获环境中的蛛丝马迹，来迅速作出判断。同时，暗示还会对我们的内心产生正面或负面的影响，就像戴在头上的金箍一样，一旦自己的思维、行为超出了意识的底线，可能就会感到紧张、焦虑、惊恐。

　　研究发现，心理暗示对人的情绪会产生巨大影响。那么什么是心理暗示呢？它又会对我们的行为产生哪些影响呢？心理学家巴甫洛夫认为：暗示是人类最简单、最典型的前提反射。现代心理学认为：心理暗示是一种被主观意愿肯定的假设，尽管这种假设不一定有根据，但因为主观上已肯定了它的存在，心理上便竭力趋向于这项内容。

第二次世界大战期间，纳粹德国曾做过一个残酷的实验。研究员将一个战俘的眼睛蒙上，并将他的四肢捆绑住，然后研究员告诉他要抽完他的血进行实验！

被蒙上双眼的战俘在一间安静的屋子里，除了听到血滴进容器中的嘀嗒声外，什么也听不到。没过多久，这个战俘就在一阵哀号后气绝身亡了。

事实上，研究员并没有抽他的血，战俘所听到的滴答声不过是他们特地模拟出来的。既然如此，到底是什么导致战俘死亡的呢？

是心理暗示——"抽血"的心理暗示，这是导致战俘死亡的真正原因。因为当他听到血流出来的声音以后，内心就产生了极度的恐惧，以致肾上腺素急剧分泌，从而导致心血管发生障碍，心功能衰竭而死。

暗示只需要提示，不需要讲道理。

在生活中，我们每时每刻都在接收着外界的暗示。比如，商场里摆放的穿戴服装的塑料模特，就是在对你暗示这件衣服多漂亮呀，快来买吧；当看见别人在商场里购选衣服时，你又获得了一种行为暗示；当购买者将刚买的衣服穿上，并喜形于色时，又会对你形成表情暗示；假如他对所买的衣服赞不绝口，这又给你传递了语言暗示。

英国心理小说《新鲜空气》中讲述了这样一个故事：主人公威尔逊非常喜欢呼吸窗外的新鲜空气。一年冬天，他到芬兰，住在一家高级旅馆里。那是个奇冷无比的冬天，为了避免寒流，窗子都关得非常严实。尽管门窗紧闭，但整个房间里还是让人感到很惬意。不过威尔逊一想到新鲜的空气丝毫都透不进来时，就觉得浑身别扭，晚上睡觉也总是辗转难眠。最后，他实在是无法忍受了，便捡起一只皮鞋朝一块玻璃样的东西砸去，听到了玻璃碎碎的声音后，他才安然地进入梦乡。第二天醒来，他发现窗子完好无损，而墙上的镜子却被他砸了个七零八落。

虽然这只是小说中的内容，但现实生活中，这样的例子也比比皆是。人们为了追求成功和逃避痛苦，会不自觉地使用各种暗示的方法，好比困难临头时，人们会互相安慰："就快过去了，就快过去了。"从而将痛苦的程度降低。

　　人们总是会自觉不自觉地进行暗示流动。不过，暗示是有积极和消极之分的。积极、乐观、自信的心态会让人得到击败困难、不断进取的勇气；消极的心态，则会使人变得冷淡、气愤、退缩、委靡不振等坏心情。

　　将同样一件事情，交给两个心态完全不同的人去做，得到的结果会大相径庭。

　　心态消极的人遇到一点障碍就会表现的顾虑重重，甚至怀疑自己的能力，遇到一点难题就马上变得灰心丧气，失去决心、信念和判断。他们总是被问题牵着鼻子走，直到问题越来越多，自己的处境越来越危险，才宣告任务"流产"。

　　而心态积极的人，会认为工作中出点问题是在所难免的，只要想办法、肯努力，一定会使问题得到妥善的解决。通常他们都非常自信，即使遇到困难，他们也绝不会怀疑自己的能力。

　　让我们想想现实中的自己，究竟该属于哪一类人呢？消极的心理暗示是否控制着自己，是否整个人就像被戴上了一个金箍，始终没有勇气突破意识中已经习惯化了的消极、自卑？真正能够击垮你的人往往是你自己。

　　如果你正面对这一现状，逆境生存的智慧能够帮助你的就是：如何让自己永远积极，如何用积极的暗示鼓励自己。

　　不论是在工作中，还是在生活中，我们都要学会对自己说："我是最好的""我是最棒的！"生病时告诉自己"没什么大不了的，我身体很棒"；失败时，告诉自己"不要怕，一切都将过去，明天又是一个艳阳天"。

心态决定状态，
幸福定义
你的人生

⬤

6

心态决定着状态，有什么样的心态就会相应有什么样的生活状态。生活状态不好大都是心态惹的祸，假如一个人的心态不好，他的生活状态肯定也不佳。在生活中，决定成败的不是我们的技术水平，而是我们的心态。

刹那花开，就是这样一种境界：内心平静下来，幸福也会随之而来。

给你的人生
一个幸福的定义

信不信由你——你的幸福，需要由你自己来定义。

男人对让他心动的女人说："我想以××为职，这样就足够供养你和我们未来的孩子饱足的三餐，远景会更好……希望你与我共同努力。"

女人认为这辈子最渴想的幸福就是这个样子，于是她放下自己所有的梦想追随他。多年后，她才发现自己当初的选择只是他生命棋局中的"皇后棋子"，属于她自己的幸福早就随风远去。

每个人对幸福的定义都不同。

对一些人来说，幸福即是沐浴爱情；对另一些人来说，幸福是达成自己既定的理想；同样也有人以为，幸福只是平淡的生活，不在乎你完成什么事，也不关乎你和什么人在一起。

那年，她住台中，而她住台北。住在台北的她因为工作的缘故风尘仆仆的南下台中，这样她和她在一个城市里生活了一个月。

台中的她热情地款待了来自台北的她，她也接受了她和煦的友谊。

那时她们两人还年轻，都带着相称的青涩，试探未来的路。

几年后，台中的她前往英国学到台湾前所未有的糖雕花艺，台北的她则到美国取得了岛内风气未开的心理学学士学位。前者仍然形单影只，后者却已经成为3个孩子的母亲。

因缘际会，她们又相聚于台中。

再次的重逢，使她们彼此看到对方身上的变化。

"我很佩服你，从你们夫妻身上看到的尽是幽默，尽管你们生活中的压力很大，面对过很多考验和挑战……"单身的她说。

"我也很佩服你，即使面临着长辈和亲朋挚友催促结婚的压力，仍能坚持自己的追求和完成自己的理想。"已婚的她答。

"其实我很渴想结婚，但缘分未到，也急不来吧？"她笑笑，不含一丝无奈或遗憾。

"趁着单身尽情追求梦想并没什么不好，总有一天你会找到适合的人，到时候狠打他一顿，问他这么多年都干什么去了？"她全力支持着她，但并不艳羡她的自由和无牵无挂。

她们各有各的理想：一个梦想能展现自己的好手艺，一辈子都来经营糖雕花艺；一个梦想能在心理学领域占据一席之地，终生从事心理咨询。

婚姻在她们的心中是生命里的一个必经过程，让人忙碌、让生活增添风险，却也换来忠实的爱人、温暖的依赖与可爱漂亮的子女。

许多人害怕婚姻会绑住自己，迟迟不敢走向红地毯的那一端。

结婚对很多女人而言是暂时抛弃自己的事业，全心全力经营家庭和教育子女，能不能重回社会要看天时、地利与人和三种因素；然而对很多男人而言则是永远抛却自己的自由，从此只能做牛做马，供给全家人的各种需求。

婚姻带来的这种限制与责任她们同样担心，但她们有决心和信念，她们的渴想深切而又真实——除非找到有相同执着与共同理想的人，否则，就不会等闲地挂上妻子与母亲的头衔。

本来，婚姻是为了让夫妻双方得以借此飞得更高、看得更远的平台。

如果走入婚姻只是为了尽职、为了走过一个无奈地繁衍后代的过程，那么上苍赏给人类这夸姣的礼物也就被错待了。

幸福对于她们来说，不是生活的全部，而是和心意相通的人一起追寻心中的理想。

她们又一起在台中待了两年的时光。之后已婚的她带着对梦想的傻气的执着，同先生和孩子飞到美国中部继续攻读硕士学位；单身的她在岛内面对台湾当下经济的不景气，知道不可能为糖雕花艺打下一片天空，便当机立断只身到美国西部开始别样的人生。

她们的过程并非一帆风顺，反对的人也很多。

曾有人告诫已婚的她不要做遥不可及的梦。只是，她知道理想可以让梦变得踏实，不采取行动才会永远遥不可及。

也有人曾苦口婆心地奉劝单身的她，应该安心地准备嫁人，免得愈飞愈远，而与幸福失之交臂。但她却深信——理想所在的地方，幸福就在不远的前方。

不是她们要追逐不寻常的幸福，而是在实践人生理想的同时，幸福与快乐只是会伴随的副产品而已。

同到美国的她们，一直都没有见面的机会。几个月后，一通越州电话使她们找到彼此在台中的熟稔，彼此取笑对方的"憨大"，却也彼此钦佩对方的坚持。

她，依旧干练洒脱；她，依旧追求超越。她们互相祝福对方要继续"幸福下去"。

你的幸福，也需要由你自己来定义。

走出你画的 "不可能" 框架

当遇到山不转得路转的时刻，一定要记得"尝试无妨"。

人不可能一辈子都守着有成见或既定的生活模式；对于不认识或毫不关心的事物，不能抱有总会有人去处理的侥幸心理。毕竟，人生的"无常"，往往比我们想像的要多。

很久以前，一个朋友曾到南部做教会的义工。当她到达被指派服务的地点时，伙伴出来迎接，领她走进一栋空旷的旧公寓，带着忸怩又坚定的笑脸对她说："义工的工作很辛苦……不过，其实我们需要一些男士的帮忙。"

她花了些时间终于领悟到她话中的含义——室内的灯坏了好几盏；厕所的灯也不亮，洗澡时得"借光"；马桶必须手冲，而且还不通；莲蓬头不能喷水；热水器还在漏水……

"我们不能找人修理后再报账吗？"朋友甚为不解。

"可以是可以，不过我们没空。"她的伙伴摇摇头，又露出忸怩却坚定的笑脸，"不要紧，慢慢就会习惯的，义工就是一份辛劳的工作。"

整整熬了一周，终于到了休息日，朋友发疯了似的将家里所有"报废"的东西检查了一遍。

她有经验？才怪！在家里她可是千金大小姐，洗衣服或煮东西都不会，仅仅是想秉持一份"尝试无妨"的精神——谁说脏活累活只能由男人来干？

她相信人绝对有能力改善自己的生活环境的，没有人注定该过"辛劳的生活"的日子！

一周又一周。室内的灯一一亮起，马桶开始能冲水了，莲蓬头也可以用了，厕所有了光明，热水器的漏水问题后来也在一次"大爆炸事件"之后找工人换新，所幸无人员伤亡。

面对焕然一新的旧公寓，她终于体会到人适应环境的能力远在我们想像之上。有时候仅仅需要抛开一些小成见，做些不同的尝试与调整，结果可能会远远超出我们的想像。

另一位朋友曾经带着孩子赴美留学，住进学校预备的夫妻公寓。

20平方米的长方形空间，住着两个大人外加一个3岁大的女儿，一头是卧室兼客厅，另一头是厨房和浴室。除了从国内带去的一些小厨具和公寓里简朴的家具外，几乎可以说是家徒四壁了。

"这种地方能住下去吗？"是妻子的第一句话。夫妻两人对望一眼，接下来的日子可难了。

想购买家具怕钱不够，而且花钱买家具几年后念完书又不好处理。于是夫妻两人开始到处要纸箱、捡褴褛，几天后，终于同心合力地完成生平第一个自制的书柜和鞋柜。

买来的二手车又小又破旧，冷气早就不工作了，开车非得开窗不可。车顶布的两角都垂了下来，开车时会有莫名其妙的细屑剥落，眼睛都睁不开。

"我向你保证我不可能会适应这台车。"妻子抱着女儿坐在后座，抖落着满头满脸的灰屑对先生说，"我们最好考虑换台车。"

好心的当地朋友送他们一台早就闲置的老电视机，屏幕只有10英寸，几十年没看过这么小的屏幕，里面的人小到快看不清五官了。

第一个学期过去了，同学到他们家来玩儿，看到他们家里的日用品都啧啧称奇，从来没见过哪个家庭里有这么多自制的玩意儿，整个家活像环保（说明白点是废料利用）展示场："你们怎么会那么惨哪？整个校园找不出第二家和你们家一样的了。"

"惨？"回答的居然是妻子，"不会呀，习惯了耶……该有的都有了，我倒认为我们很有创意哦！"

我们通常会很轻易对不习惯的事感到排斥——尤其是要适应改变，必须调整对自己的期望或是对事情看法的时候。

随时抱着"尝试无妨"的精神，没有人规定男人一定得如何，或是女人一定得如何；没有任何法律条文指出什么样的生活模式才算正常；更没有任何智者定下所谓的成功准则或步骤——所有的这一切都有待开发，每个人都有可能找到不同凡响的生活模式。

你能适应的东西还很多，你能突破的成见还很多，你能看到的天空还可以更宽阔，只要你试着走出自己画好的"不可能"、"做不来"框架，就会发现一切其实并没有想像中那么难。

[不必依附别人 的价值观生活]

当"人言可畏"的势力，不再影响个体的决定时，我们将会看见绝大多数人的内心都储藏着无穷的潜力，靠着不断的努力与坚定的自信，都会成为饱满且令人惊叹的圆。

她30多岁的时候决定去美国读硕士，亲朋挚友当时劝她，女人的天生活是结婚、相夫教子，切莫让高学历成为将来追求幸福的阻碍力量。

她深思熟虑，决定抛却追求理想。

与此同时，另一位小她几岁的朋友也决定要去美国念书，同样遭到亲朋挚友反对的她却只是笑笑："该是我的，就是我的。或许我可以因为这样做而找到志同道合的对象。至少，这几年我学了我想学的东西，将来也了无遗憾。"

两年后，这位朋友在异乡真的找到了志同道合的对象，两人幸福地回到台湾结婚，然后再回美国一起念书。

当年选择留在台湾的她，心里满是失落。白白用掉两年的等待。她突然觉得假如自己曾大胆勇敢地去尝试一下该多好。

在我们身旁经常充满着很多善意的忠告，这些忠告虽然都是很好的提醒，却不代表完全准确或适合我们自己。我们如果不为自己谨严抉择，就很有可能会走上被人摆布的命运。

另一位朋友在失业潮引起恐慌时，不顾亲朋挚友的奉劝辞去了他讨厌多年的工作。这个决定引起身旁的人极大的反响，大家联合指责他不懂得为未来着想。毕竟在那一职难求的时期有个饭碗总比没有好。

但他没有放弃一个月后，他达成心愿，来到更好的新公司上班。

另一个朋友在年近30岁时，决定偕同妻子和孩子去美国念书。

一位热心的朋友立刻打电话给他妻子："怎么不劝劝你老公，叫他不要想太多啦！给他先找一个工作，朝九晚五，生活不乱，机会难得！"

"这是他的理想，我没有意见。况且念书也不是坏事……"

朋友并不是唯一要阻止他们的人，更多的人以看笑话的心态预言他们就算"学成回来"，也会由于主修的专业太冷门而难找工作。

人生中许多事不是单纯的长短题，也不是既有的看法与做法才最准确。

我们身边随时会有人"建议"我们该怎么做才符合传统，才能与其他人一样"正常无误"。

和人们争论该做什么或不该做什么会很累，多一点儿人情味的地方也会多一点儿人情压力。

既然无法阻止别人以挑剔的眼光去评论我们的决定，至少得小心别让随意的忠告左右命运——太在意别人口中那些所谓"准确"的框框，就忘了框框外，无穷的机会正等待着我们。

要相信我们体内都储藏着无穷潜力，也要相信靠着不断的努力与坚定信念，我们都能够成为饱满且令人惊叹的圆——不必依附别人的价值观生活，独立、快乐地度过一生。

心态
决定状态

心态决定着状态，有什么样的心态就会相应有什么样的生活状态。心态有积极和消极之分，消极在左，积极在右，任你来选。

人到了某个阶段后，就会开始不断反思自己的生活本身了。

有些人的人生观是积极的，不管碰到任何事情，他们总能积极的应对；有些人的人生观是消极，在他们眼中没有什么好坏之分，见到好的他们不会太兴奋，碰到坏的他们也不会太悲伤。好像一切在他们的生活中都失去了意义。

英国有这样一句谚语：乐观者在一个灾害中看到一个希望；悲观者则在一个但愿中看到一个灾害。面临半瓶酒，你会怎么想？是"糟糕，只剩下一半了"，还是"太好了，还有一半"；面临一束玫瑰花，你会怎么形容？是"花下全是刺"，还是"刺上面全是花"？

一个人遭遇什么样的人生境况其实并不可怕，关键是他对这种境况有着什么样的看法。

一个对生活怀有热情而抱有期望的人，总会积极地面对生活的每一个状态。即使身陷困境，举步维艰，他也不会放弃，更不会变得消极、得过且过和灰心失望。他会这样安慰自己：不要怕，一切都会过去，坚持一下状态就会有所改变。

悲观的心态总容易让自己陷入消极的状态中，特别是那些世俗心特别重的人，什么东西在他们眼中都变得充满功利和现实。正由于如此，许多东西在他们眼中都失去了其原有的味道。所以，不是葡萄太酸了，而是品尝葡萄的人不能专心去品了。

有个花匠收获了满满一架葡萄。经由他多年精心的栽培，他的葡萄总是又大又甜。为了让别人和自己一起分享葡萄的滋味，他就抱着一串串葡萄站在家门口，让途经的人尝尝。

一个富商路过，他连忙抱着葡萄走过去说："你尝尝我的葡萄好不好？"富商吃了一个，觉得味道不错，就问他："你的葡萄这么好，多少钱一斤啊？这么好的葡萄，贵点也没关系。"花匠说："不要钱，我就想让你尝一尝，你觉得好可以拿去一些。"

富商有点不高兴了，说："你为什么白给我葡萄吃呢？吃葡萄一定要给钱的，你给我拿两串吧，我回去慢慢品尝。"于是富商塞给花匠一笔钱，捧着葡萄走了。

花匠有点失落。这时一个官员走了过来，他又抱着葡萄过去，说："你试试我的葡萄味道如何？"官员一尝，太好了，说："你的葡萄味道真不错，给我拿几串。你要是有什么要求就直接说，我不会白拿你葡萄的。"花匠说："我没任何要求，就是想让你尝尝我的葡萄味道怎么样。"官员一愣："哦，你没事啊！那我怎么能白拿你的葡萄？"于是，官员把葡萄放下，走了。

又过了一会儿，走过来一对很恩爱的小两口，花匠又赶忙抱着葡萄走了过去。花匠想，这个少妇一定会喜欢吃葡萄，就笑着对少妇说："这是我种的葡萄，你尝尝味道如何？"她就拿了一串，吃过后嬉皮笑脸。这时，她丈夫不高兴了，瞪着眼睛问花匠："你什么意思？"花匠一看情况不妙，回身就跑了。

其实，花匠就是想让他们一起分享葡萄的美味，遗憾的是，没有人理解花匠的本意。在富商眼中，花匠一定是为了利益才让自己吃他的葡萄；在官员心中，花匠让他吃葡萄一定对自己有所求；漂亮女子的丈夫肯定认为花匠对自己的爱人不怀好意。

在生活中，许多人不都像他们一样吗？他们总是觉得别人的行为是带有目的，没有无目的的行为。当一个人的世俗心太重时，许多事情便会在他眼前失去真实面目。

有怎样的心态，就有怎样的世界，你的心态决定世界在你心中的颜色。许多时候，我们都会因生活状态不好而常常诉苦。也许你会诉说自己糟糕的命运，也许你会感叹命运的不公，也许你会责怪自己不够专心……

如果我们不能积极调整自己的心态，不管我们对自己的现状怎样挣扎都很难使其发生改变。状态不好，都是心态惹的祸。面临不佳的生活状况，我们需要做的就是尽快选择一种理想的心态。只有心态变好了，积极了，我们的生活状态才会一点点好起来。

[别让消极心态
阻碍了思路的突破]

消极的心态如同一个放大镜，任何消极因素都会被它放大。所以在心态消极者看来，小难题也会对其形成很大的障碍。而且，他们还会对自己的能力产生怀疑，觉得自己根本没有能力有所突破。

生活中，困扰我们的也许并不是题目本身，许多时候都是消极心态在阻碍我们思路的突破。面临前途的不确定性和困难时，消极心态的人会内心恐慌、退缩、担心，这些负面的心态会妨碍我们采取积极的行动。

题目面前，只要我们以积极的心态去面对，结果往往没有我们想像的那么糟糕。不要认为题目太多、太大、太乱，更不能因此而失去方向、不知所措。题目不会自动解除，所以我们最好抛却逃避的想法，不再听天由命。

要敢于选择，主动权就在我们手中，即使结果很糟糕，我们也问心无愧。一般来说，积极的思索往往会有积极的结果，假如思索过于消极，即便是碰到一点点障碍也会使我们难以获得突破。真正困扰我们的往往不是题目本身，而是自己对题目的忧虑。

有这样一则故事：一位军阀每次处决死刑犯时，总会给出两种方式让犯人选择：一种方式是直接被枪毙，另一种方式是钻进墙中的一个黑洞，生死未卜。令人不解的是，几乎所有犯人都选择了一枪毙命。

可能对于死刑犯来说，对黑洞里未知的恐惧远远超过了死亡本身。与其选择一个不知道藏着什么东西的黑洞，不如一枪毙命。这样反倒痛快、踏实些。

一天，该军阀与几个朋友一起饮酒，酒酣耳热之际，一个朋友壮着胆子问："大帅，您能不能告诉我们，从那个黑洞进去以后，里面到底有什么？"

军阀大笑，得意地说："其实里面什么都没有！在里面摸索个一天半天就可以逃生了。可惜这些胆小鬼们，没有一个人敢拼一次。这样的胆子，死了也活该。"

在这个故事里，当死刑犯面对深不可测的黑洞时，他肯定觉得横竖都是死，与其挣扎着死还不如痛快酣畅的死更惬意。

现实生活中，我们也很容易陷入这样的消极状态中。当面临恶劣环境时，内心的恐惧会快速膨胀，那时不管我们如何强迫自己冷静，紧张、慌乱依然如影随形，甚至自己连击败它们的勇气都没有。

在一本非常热销的书《你在为谁工作》中，作者给我们讲述了一个非常耐人寻味的故事。

杰克在一家商业公司工作了1年，因为不满意自己的工作，他曾愤愤地对朋友说："我在公司的工资是最低的，老板也不把我放在眼里，如果再这样下去，总有一天我要跟他拍桌子，然后辞职不干了。"

"那家商业公司的业务你都弄清楚了吗？做国际商业的窍门完全弄懂了吗？"他的朋友问道。

"还没有！"

"君子报仇十年不晚！我建议你先静下心来，认认真真地工作，把他们的一切商业技巧、贸易文书和公司组织完全搞懂，甚至包括如何书写合同等详细细节都弄懂了之后，再一走了之，这样做岂不是既出了气，又有很多收获吗？"

杰克听从了朋友的建议，一改往日的散漫习惯，开始认认真真地工作起来，甚至放工之后，还经常留在办公室里研究贸易文书的写法。

一年后，那位朋友偶然遇到他。

"你现在大概都学会了，可以预备拍桌子不干了吧？"

"可是我发现近半年来，老板开始对我刮目相看，最近更是对我委以重任，又升职、又加薪。说实话，不仅仅是老板，公司里的其他人也都开始敬重我了！"

这个故事，让我们明白了一个道理：老板没有晋升杰克的原因，不是老板不识千里马，而是杰克一直觉得自己是千里马，老板却不是伯乐。当杰克韬光养晦，静下心来开始努力工作时，良好的表现很快就被老板发现了。

我们应该认清这样一个事实，困扰我们的并不是题目本身。

假如在难题面前，我们的心态过于消极，那么任何突破都将不再成为可能了。

　　有一种奇妙的气力，它能使每个生命充满活力与意义。这种气力就是我们对生活的热情。不管一个人在生活中曾经受到怎样的打击，碰到多少未曾料到的挑战，热情会将一切都燃烧成生活中的奇迹。我们无需凭借死亡进入天堂，满怀热情的生活本身就是生活在天堂。

　　你的心态决定你所面对的一切。

　　每个人对于生活都有自己的立场，对于正在发生在身边的事情，每个人的理解也各不相同。对生活充满热情的人，会用积极的心态去面对生活中发生的一切，而对生活悲观绝望的人来说，一切都失去了色彩，就像灰色的影子笼罩在他的心头。

　　一行禅师说过："我们不必借着死亡来进入天堂，我们必须用热情面对生活，这样才能让自己完整地活着。"热情的生活立场会使我们的人际关系也变得真诚与亲密，会给我们的工作带来激情与活力，会让我们的内心更清澈与明亮。

　　只要生活的热情一直燃烧，新的开始终将浮现。

　　当最重要的东西失去时，我们需要保持热情；当感觉自己被爱人抛弃而魂不守舍时，我们仍旧需要保有热情；当希望破灭时，我们仍旧要保持热情；当走上一条没有路标的道路，因辨不清方向而忧心忡忡时，我们仍需持有热情。

　　热情会使我们困惑和受伤的心慢慢苏醒。

　　对生活的热情，决定我们生活的质量。生活立场是我们各种抉择的结果，我们可以扪心自问：我正处在怎样的阶段，要选择什么样的生活立场，要怎样的决断自己的人生？

　　热情会让生命出现奇迹。不管何时何地，我们都要对生活充满热情。

　　时光正流连在我们身边，对生活缺乏热情的人来说，这一切似乎见怪不怪，视而不见的。在压力沉重与忙碌不堪的日子里，我们好像不容易留意到生活的乐趣。我们总是把幸福的感觉寄存到将来，或埋藏到回忆中，而对于正在拥有的，我们却没有太多的珍惜。

　　是否因为正拥有健康而觉得它无足轻重？是否认为爱人、孩子、挚友明天还会在，以后也会在，才不去珍惜他们？是否由于现实过于琐碎而不知该如何珍惜？

　　热情的人会到处发现生活的奇迹。夜观星辰时，他会感觉心情清净和甜蜜；拥抱爱人时，他会感觉到彼此生命的温度；一天结束时，他会认为明天又是一个美好的新的开始。

　　生活的奇迹发生在每一天，放下心中的烦恼与牵挂，热情地拥抱今天吧！追求让自己喜悦的事情，我们的心情会如朝露般清澈，我们的心灵会如晨光般温暖。

　　对生活的热情就存在于主动追求自己的幸福过程中，就存在于我们身边的日常琐事里。

人生没有绝路，
心怀希望坚持下去

与其对自己失望，不如许一个愿望。生活中没有绝路，即使走到了悬崖边，谁能保证跳下去之后不会出现柳暗花明呢？生活中最可怕的是失望，人生的路是被自己堵死的。失望与愿望是一念之差，乐观的人会用微笑面对生活，让自己的心中怀有一个愿望。

险阻的高山使人望而却步，漫漫的征途让人心生胆怯。难道真是高山的险阻、漫漫征途打垮了我们吗？

显然不是。许多时候，我们觉得自己被打败了，是因为我们的立场太消极，是消极、悲观的心态把我们击败了。

剑客最大的失败不是败给对手，而是在强大的对手面前忘了拔剑。在一个名副其实的剑客眼中，没有不可击败的对手。也许他的剑技不是天下第一，但敢于向一切对手亮剑的勇气和精神，让他们不会被征服。

这也是《亮剑》这部电视剧之所以鼓舞人心的原因。

独立团团长李云龙有一句话常常放在嘴边："古代剑客和高手狭路相逢，假如自己面临的是天下第一剑客，明知敌不过该怎么办？是回身逃走？还是求饶？亮剑，明知是死也要亮出自己的宝剑。即使倒在对手剑下也不难看，虽败犹荣。"

又如李小龙所说："我不以为自己是第一，但我毫不以为自己是第二。"

电视剧《贞观长歌》中，李世民在校阅飞虎军时也道出了这样的精神。他说："现在，你们敢死的境界又向前迈出了一步，自己敢死更敢让别人死。一支敢死又敢让人死的队伍必将天下无敌。"

伟大的精神造就伟大的历史，人也要有点儿这种精神。在一个敢于挑战的人眼中，没有什么是不可能的。如果一个人拥有这种积极的心态，他就会变得不可战胜；如果我们在难题、困惑面前乐观主动，相信没有什么障碍不可被跨越。

一旦我们变得积极主动，其结果常会超出我们的想像，逃避只会让困难变得越来越严重。所谓逃避，就是把自己该干的事情，千方百计推卸给他人，或避重就轻，甚至绕开困难而行。

逃避心理是人生中的大忌。逃避会使一个人对困难产生一种畏惧的心理，仅仅一个小困难，在他看来也是无法克服的高山险阻。主宰我们的不是外界的环境，而是自己内在的立场。

如果立场积极主动，那么我们的能力就可以超常施展；反之立场消极被动，我们的状况就会更糟糕。职场就是战场，那些得到老板赏识并取得较好发展的人，并不是他的智商比别人高，而是他能将自己的能力施展到极致。

曾经有一对兄弟，两个人的境况天壤之别，哥哥是一家公司的设计师，弟弟则是监狱里的阶下囚。一天，记者采访了做设计师的哥哥，问他成功有什么秘诀？哥哥说："我家在贫困地区，爸爸既赌博又酗酒，不务正业，妈妈又有精神病，我不努力能行吗？"

第二天，记者又采访了沦为阶下囚的弟弟，问他为什么会进监狱。弟弟说："我家住在贫困地区，爸爸既赌博又酗酒，不务正业，妈妈还有精神病。没人管我吃穿，经常吃不饱穿不暖，所以才会去偷抢……"

出身相同结果却不相同，而不同的结果来自于不同的立场。泰国商人施利华，在商界上是风云人物，拥有亿万资产。1997年的金融危机却使他破产了，在失败面前他只说了一句："好哇！又可以从头再来了！"他从容地加入街头小贩的队伍，卖起了三明治。一年后，他东山再起。

假如大海没有巨浪的翻腾，就会失去雄浑；沙漠失去了飞沙的狂舞，就会失去壮观的景象。人生的魅力并不是一帆风顺，而是面临困难时你表现出来的积极乐观的态度。

巴尔扎克说："世界上的事情没有绝对的，结果因人而异。苦难对于天才是一块垫脚石，对能干的人是一笔财富，对于弱者则是一个万丈深渊。"生活中，消极悲观的生活立场会让一个人变得颓废、无所作为。如果有了对愿望的期盼，我们才有坚持下去的勇气。

弱者不卑，
强者不傲，
做最真实的自己

7

　　秋天不是用来感伤的，即使狂风骤雨、落红片片，你也无需悲伤。想想雨后的天空，你的心情就会豁然开朗。一个积极向上，乐观勇敢的人，无论是遇到多大的艰难险阻，他也绝不会放弃。他们总能想尽办法看清自己的弱势，然后痛定思痛，在弱势中寻找到属于自己的强势，努力而自信的生活。

扬长避短，让自己价值最大化

现实生活中，造成弱势的原因有很多，技不如人是最先体现你弱势的一个原因。假如你现在囊中羞涩，那么在财大气粗的人眼前自然就会觉得矮人三分。除此之外，自身性格上的不足，如自卑、自负、优柔寡断等等造成的弱势更是让你举步维艰。当然，我们每个人都无法做到完美无缺，但也不要因此而觉得自己一无是处。我们所要做的正是发现弱势中的强势，重新找回迷失的自己，让自己成为生活中的强者。

2008年6月20日，《功夫熊猫》在我国上映后引起强烈反响。相信看过这个电影的人在内心深处一定会被一种难以名状的感动所充斥着。那么，我们是被谁感动着，是龟神仙？天下第一武林宗师？还是中原五侠？也许更能引起我们深思的是那只肥肥胖胖的熊猫吧！

本来，熊猫阿波只是一个饭馆卖面条的，但它却痴迷于搏击。每天做梦都想成为一个像中原武侠那样的大侠，可惜每次梦醒后还是不得不很现实的去忙着照顾饭馆里的客人。他只是很单纯的喜欢搏击，却从来也没有想过自己能在搏击上有什么作为。

但在一次误打误撞中，竟然成为了龟神仙麾下的龙斗士，这显然让它欣喜若狂。真没想到自己竟然可以得到高人指点，这令阿波简直不敢相信。和它的惊喜相反，天下第一武林宗师看着这只又肥又胖没有一点搏击功底的熊猫却是绝望透顶。

从看到阿波那一刻起，宗师就没有对它抱有什么希望。宗师一边用可以说是有些残酷的练习逼它主动退却，一边又向龟神仙抱怨。可惜最后都无果而终，而就在此时，武艺高强的太郎越狱成功，并向这里赶来。无奈之下，宗师只得孤注一掷，把所有希望都寄托在连他都打不过的熊猫阿波的身上了。

让人觉得好笑的是，阿波一听说宗师要让自己与太郎决斗，吓得立马想要逃走了。当宗师拦住它下山的去路时，阿波显然有些生气了，它说："我怎么可能打败太郎，在你看来，你从来都不认为我能够打败太郎，而且你也总是在设方想法赶我走，不是吗？"

宗师没有回答，只是问它，为什么留在这里，阿波生气地说："我留在这里，是因为我不想看到自己像现在这个样子，我希望有人可以改变我，而这个人就是你，天下第一武林宗师。"

最后，阿波终于得偿所愿了，宗师不仅对它倾囊相授教会了它功夫，而且还把龙之典也交给了它保管。在世人眼中，龙之典可以赋予人一种无限的力量，使人变得强大无比。但当阿波打开龙之典后，除了在里面看到自己的影子之外，却没有发现任何东西。

难道是龟神仙老糊涂了？在场的每个人都不明所以，甚至有些绝望。无可奈何下，宗师选择自己留下来，与太郎决斗。而阿波则一脸失落地回到了老爸的饭馆。看到迷途知返的儿子，老爸的心得到了安慰，并急不可待地将自己家传的做面秘方告诉了儿子。

很奇怪，谜底和龙之典一样，也是什么都没有。

老爸解释道："其实自己并没有在饭里放什么特别的东西，只要你觉得它是非同一般的，它就真的是别有风味。一切都在你自己是怎么认为的。"

最深奥的秘密竟然都一样，隐藏的道理竟是如出一辙：什么都没有，一切的特别都仅在自己眼中，我们以为是什么就是什么。

在这个故事中，作者从另一个侧面告诉我们一个大家并不陌生的哲理，那就是熟悉你自己。如果阿波没有发现龙之典中的真正秘密，就凭它那两下子根本不可能是太郎的对手。只是对自己熟悉与不熟悉的改变，阿波的弱势竟然在制胜强敌中变成了强势让它有机会战胜对手。

弱势也是强势，关键在于我们是用什么样的心态来看它、对待它。相信这就是龙之典的秘密所在吧。

　　其实，社会上所谓弱者，无非两种，一种是自弱，二则是人弱。

　　自弱是指当一个人自己觉得自己很弱时，即使他身上还藏有尚未被发现的优势上风，也很难被挖掘出来。因为这是一种发自内心的认知，他自己已经完全相信了自己是弱者的判定，也就会放弃去挖掘自身的潜能。

　　人弱则是一个人对自我强弱的判定不是来自自己，而是受到外界他人对自己判定的影响，所谓三人成虎，当说我们弱的人多了，慢慢的自己也就相信了这一事实。

　　除此之外，对于自弱、人弱还有另外一种解释。

　　其中，自弱是指一个人本身自来便具有的弱势，如自身能力差异造成的弱势，自身经济基础差异造成的弱势，自身性格差异造成的弱势等等。而人弱则是指一个人除去自身以外的弱势，如关系、地位、环境等及外在差异造成的弱势。

　　综上所述，其实不管是强势，还是弱势，都是自己凭空想出来的，事实却并不一定就是如此。当我们陷入自卑，开始妄自菲薄、自暴自弃时，也就是我们真正陷入泥潭真正弱势的时候。所以，我们一定要重视自己，无论如何不要从心底自我抛弃。

　　假如让你和你的同事分别去做一件相同的事情，可能你自己辛辛苦苦，费了九牛二虎之力才勉强把任务完成，而你的同事却轻轻松松不费吹灰之力的就把事情办妥了。这种情况下你就开始心中暗自打鼓，忐忑不安。只是偶尔一次，你或许还会自我鼓励，给自己打气。可如果类似的事情多次重复可能你自然而然的就会心灰意冷，也渐渐的开始相信自己的确是技不如人，而获得提升、得到老板的青睐怕是没有指望了。

　　其实，当我们遇到这种情况时，有惭愧之心乃是人之常情。可是我们若因此而放弃努力或自暴自弃就绝非明智之举了。先不说聪明不够智慧不足者可以选择笨鸟先飞，单就个人能力来说，即使自己真的技不如人也并不一定就处于弱势。

老板青睐、重用一个人不可能只看能力一个因素，有时候对于一个上司来说其他的品质如责任心、忠诚度、执行力、勤奋踏实等都同样重要或者更加重要。

所以，我们完全可以扬长避短，将自己的价值最大化。如果我们能力不如他人，我们可以充分发挥运用自己其他方面的优点，如做事认真、服从指挥、对老板绝对忠诚、毫不迟疑地执行老板的命令等等。大量事实说明，很多得到老板赏识，被老板委以重任的员工并不一定都是那些能力很强的人。

在社会上与人相处，如果囊中羞涩，总会让自己觉得矮人三分、低人一等。很多人虽然能力并不如自己，但是因为其家庭经济基础比自己雄厚，几年下来有的人自己成立了公司，当了老板，有的则靠关系进了不错的单位。惟有自己，因为家庭经济基础差，只能从头打拼，辛辛苦苦拼命努力也挣不了几个钱。

当我们在社会上遇到越来越多的磨难却眼睁睁看着别人轻轻松松地生活时，我们便开始抱怨这个社会的不公平，觉得自己的前途一片渺茫。虽然无可奈何，却又心有不甘。

换个想法，其实困难也是我们人生的一笔财富，它可以让人变得更坚强也更成熟。囊中羞涩算不了什么，其实那些有钱人很多年前也是穷人，最初也是他们贫穷的先辈们辛辛苦苦才创下了一份基业。那么，我们为什么不行呢？祖上没有基业就靠自己自己努力打拼。资本匮乏也可以成为自己在竞争中奋起的动力，当一个人下定决心背水一战来做一件事时，就没有什么事做不到的。

同时，对于那些穷苦出身的人来说，他们会更懂得机会的弥足珍贵，所以他们总会更加珍惜每个来之不易的机会，全力以赴地抓住每一个机会，做好每一件事情来追求他们想要获得的成功。

孙子兵法中说："无所不备，则无所不寡。"仔细想想，其实做人也是一样，我们将自己缩得越小，生存空间就会变得越大。如果我们觉得自己不能像其他人一样，为人处事八面玲珑、游刃有余，那就不妨先改变自己，找出自己的优势所在，扬长避短，将自己的优势发挥到极致。

综合以上种种进行分析比较，也许你会惊喜的发现，实际情况并没有自己想像中的那么糟糕。尽管自己目前看起来毫无优势，尽管自己目前深陷重围，但这一切并不能说明你就永远的失败了，只要生活还在继续，生命就充满了希望。

　　积极向上，乐观勇敢的人不会甘心，也绝不会放弃。他们总能想尽办法看清自己的弱势，然后痛定思痛，在弱势中寻找到属于自己的强势，努力而自信的生活。

寻找最适合自己的发展道路

身为弱者，怎样才能在强势的夹缝中寻求生存，如何在严重的事态下游刃有余、逆势而上？达尔文说：适者生存。从中我们不难看出，除了反抗，适应才是一种生存智慧。那么，处于弱势中的你又将如何把自己的优势变为上风，又如何学会因势利导、趋利避害让自己能够在这个社会中更好的生存？谜底就在弱者的生存智慧中。

现实生活中，弱者，并不一定就是庸庸碌碌毫无作为。在现在风云多变的经济环境中，为什么小企业的营利点要比大企业高？能够在大企业的压迫下同样获得发展？关键就在于他们能根据自身特点，及时进行适当调整以寻找最适合自己的发展道路。在经济学上，把这种生存现象称为"蜥蜴哲学"。

众所周知，蜥蜴在地球上的生存繁衍经历了很漫长的时间，最早的蜥蜴出现于三叠纪后期。经过了漫长的岁月变迁，地球上很多物种都已被淘汰灭绝，但蜥蜴却顽强的一代代繁衍了下来。这是为什么呢？蜥蜴的生存智慧正在于它的适应性，它可以随环境变化不断变换自己的肤色。在黄土地上，它的颜色是黄褐色的；在草丛中，它的颜色则是绿色的……尽管有人叫它变色龙，但就是凭着变色，让它逃过一次又一次的生死灾难。让它们适应了这个世界从而延续了下来。

对那些深处弱势经受着生活的磨难的人来说，难道不应该学习一下蜥蜴的生存智慧吗？

通常，相对于强者来说，弱者有更多的选择和妥协，由于懂得适应，他们就有更多的生存机会。美国通用公司总裁杰克·韦尔奇说：这个世界是属于弱者的，因为由于弱者最懂得适应。

现实生活中，弱者的利益被强者无故剥夺的事情时有发生，当身为弱者的自己遇到这种事情时又该怎么办呢？如果你低声下气的乞求，强者就会得势更猖狂；如果你恼羞成怒，决定和强者拼命，处于弱势的你肯定还是失败。

这种情况下，无论自己进还是退好像都不是最佳的选择，那最好最正确的方法是什么呢？我们不妨看看智慧的狐狸在碰到这一情况时的高招。

狐狸叼着一只鸡走在路上，刚好被狼看到。于是狼拦住它："把鸡放下，否则连你一起吃掉！"狐狸看了看狼，乖乖地把鸡放在狼的面前，自己跑掉了。

狼很自得，可正当它津津有味地品尝着鸡时，狐狸带着老虎来了："大王，你看，我对狼说鸡是孝敬您的，可是狼却没有理会一把抢了过去，他这不是明摆着一点也不把你放眼里吗？"

结果，狼被愤怒的老虎吃掉了。

后来，狐狸成了老虎的朋友，谁也不敢再小瞧它了。

在生活中，处于相对弱势的你在受到他人的恶意侵犯时，不妨也也可以用一下狐狸这招。当在别人损害你的利益时，不要在必输的情况下逞英雄。而是适当的认输然后潜伏起来，去寻找能够打击到敌人的有力的武器，如法律、警察等，然后借助他们的力量让自己反败为胜。通常，在敌强我弱的情况下，适当认输是为了积蓄力量，获得机会，让自己的委屈得到伸张让欺负自己的人受到惩罚。

现实社会中经常会发生一些极不公平的事情，而身处弱势的人也常会因为无奈而做一些情非得已的事情。但通常因为身单力薄，无权无势，所以非但不能解决问题反而让自己陷入更加艰难的境地。所以，暂时忍耐一下有时也是必要的。如果自己太过极端，稍有不顺就发怒胡闹，到头来，吃亏的往往还是自己。

当然，暂时忍耐并不是让你变得胆小怕事。而是要在忍耐中慢慢积蓄力量。等到实力够了再堂堂正正的站出来为自己讨回公道。这样不仅可以让自己暂时避敌锋芒，躲开可能对自己造成的伤害，同时还可以使自己的意志力得到锻炼，让自己变得坚韧、成熟。想想越王勾践，为了击败强敌可以10年卧薪尝胆，自己难道就不能适时忍耐一时半刻？

但是，靠忍耐维持生存始终不是最好的解决办法。如果自己一直处在"与狼共舞"的环境中，终将难免陷入被狼欺负的命运。所以对于弱者来说，最重要的是要智慧地回避与强者的争斗，让自己远离不良竞争，才是真正的明智之举。如果明知自己技不如人却还要强出头的话，到头来不是自讨苦吃，就是自寻没趣。

当然，弱者的生存智慧并不是一味地忍让与退避，想要彻底摆脱强者的欺凌与威胁，只有让自己变得强大起来才是正途。所以，弱者应该发奋图强，发掘出自己的优势，并让自己的优势得到最大限度的发挥、扩展。

勤能补拙，对于那些个人能力较弱的人来说，笨鸟先飞、熟能生巧是弥补自身劣势的最好办法了。只要自己坚持，能力就会在不断的锻炼中一点点、慢慢的得到提升。对于弱者来说每个很小的机会都显得弥足珍贵。所以，身为弱者的你一定要善于抓住每一个机会，在点滴小事中不断锻炼自己。即使面临各种险阻，困难重重，也不能放弃努力。在我们努力的过程中，可能进步的速度很慢很小，但只要我们坚持，生活就会不断改变。

做好每一件事，把握好每一次机会

很多企业在招聘员工时，都希望对方有相关的工作经验，这无疑能为企业带来很多的方便，也省了不少事。但对于刚刚毕业还没有踏入社会的学生来说，这根本就是不可能的事情。在这种情况下，身处弱势的他们，又如何在求职中杀出一条血路？这是每个面临毕业找寻工作的学生必须要面对的事情。

相对于已经有过工作经验的人来说，刚刚踏入社会的学生，无疑是社会中的弱势一族。但是，年少气盛的他们可并不一定都是这么认为。刚刚毕业对社会抱有不切实际幻想的他们往往很难安于一份在他们眼中无足轻重的工作。因此，马不停蹄转换工作的人并不在少数，甚至，有时会产生怀才不遇感触的也不在少数。

我们常常会听到他们抱怨不停，"我们那个老板太抠门了，只给我们开这么少的工资。""经理干的活也并不比我多多少啊，为什么他的薪水比我高出那么多，他拿得多，就应该干得多嘛。""我只拿这点钱，凭什么去做那么多工作，我干的活对得起这些钱就行了。"

也许是因为初入江湖，他们总觉得自己能力很强，所以，一些在他们看来很小的机会在他们眼中就会显得无足轻重、不值一提。他们很多人，都不屑于做详细的、琐碎的事，也不注意小事和细节，在他们眼中，总是盲目的相信"天将降大任于斯人也"，认为自己可以干一番大事，所以，对于工作中的小事常表现出一副不屑一顾的样子。殊不知能把自己所在岗位上的每一件小事做好，做到位就已经很不简单了。

他们这样都是心态过于浮躁的原因。浮躁情绪是工作的大敌，它会让人变得焦躁不安、急功近利，以致失去自我。

而人一旦失去自我，就会趁波逐流、盲目而无目的，进而对未来产生迷惘，辨不清自己前进的方向。其实，在现实生活中，不仅仅是刚刚毕业的大学生如此，随着生存压力越来越大，社会上很多人也变得急功近利、盲目求成、缺乏坚定的信念。

以这样的心态工作是不会获得成功的，当他们因浮躁而不能认真做好自己应该做的事情，并失去工作后，接下来将要面临的便是努力去找下一份工作的局面。如此周而复始，他们在日复一日不停的抱怨中，年岁渐长，然而技能却没有点滴进步。最终也只能成为社会上真正的弱者。看看自己周围那些只知抱怨而不努力工作的人吧，他们从不懂得珍惜得之不易的工作机会。以致最后被解雇。在竞争日趋激烈的今天，不努力工作的人，总是会排在被解雇者名单的最前面。

把工作当作自己救命稻草的观点，在刚刚毕业的学生看来好像显得有些危言耸听。不过，当很多人在经历了一番困难后，慢慢的开始对这句话有了切身体会。但很遗憾，大多数人总是在遭受"晴天霹雳"之后才会醒悟。为何非要等到屋顶塌下来的时候，才去思考为什么倒霉的事总发生在自己身上？

其实，每个人身上都具有从平凡的工作中脱颖而出的潜质，只是当机会在你手中的时候，你还意识不到它的珍贵也不懂得珍惜。而当机会从你身边滑过的次数越来越少时，你才开始变得务实了、认真了。这就好比上天先用温顺的方法来提醒你，但你对它置之不理，之后，他生气了，让你重重吃了一锤时你才会感觉到难受并开始珍视它。所以，不要等到退无可退时才下定决心在下一份工作中踏实、努力。

越早领悟到这点，越能使自己在小机会中获得非凡的发展。现实生活中，很少有人能够一步到位，从开始直接走向成功的。工作中所谓的小事也实在不能算小，很多大事的失败恰恰就是因为一些看起来毫不起眼的小事导致的。所以，不要因事小而不认真对待，工作中无小事。

相对于家庭条件好的大学生，往往那些从农村走向城市和城市中没有权势支持的大学生，能更好地把握住每一个来之不易的机会。因为在他们眼中，每一个机会就像他们的救命稻草一样，一旦得到就会牢牢抓住。即使工作很累，他们也会满怀感恩的努力，任劳任怨；即使职位低微、杂事繁多，他们也总能心态积极，认真的把每件事做到位，做到精彩。

那些把每个机会都当成救命草的人，从来不会把一份不够完善的工作交到上司手中。他们凡事尽心尽力、追求完美。工作中，他们对自己要求严格，认真负责。什么人才是老板眼中的优秀员工？当然非他们莫属。

尽善尽美体现的是一种工作态度，没有谁一开始就能将工作做到尽善尽美的程度，但我们可以要求自己尽心尽力的努力去做。

把每一个机会当成救命稻草来对待不是靠说出来的，我们必须拿出让人信服的行动才能真正抓住这棵稻草。完成这样的事情，不仅需要我们有决心，同时也更需要我们放下架子，不嫌脏、不怕累，认真负责的把工作中的每件事情做好。

现实中，很多人所做的工作都只是一些详细的、琐碎的、单调的事。它们也许过于平淡，也许鸡毛蒜皮，但这就是工作，是做任何大事都不可缺少的基础。天下难事，必做于易；天下大事，必做于细。一个不愿做小事的人，是不可能成功的。要想比别人更优秀，只有在每一件小事上比别人更下功夫。

要想成功的抓住我们手中的"救命稻草"，我们首先要认清自己手中的"救命稻草"究竟是什么！

答案就是：坚持，只有坚持做好每件小事，才能够有所积累，也才有可能获得收获。很多时候，我们都站在同一条起跑线上，但是经过时间的检验，有些人输了，也有些人赢了。那么，究竟是什么把人和人分开的呢？很多失败的人后来回忆说，主要原因是自己抛却了一些看起来并没有价值的事情。

根据以上的种种分析来看，对于刚刚走上工作岗位的大学生来说，张扬个性并不是我们目前最需要的，虽然说初生牛犊不怕虎，但是为了能更紧地抓住自己的救命稻草，我们需要学会顺服。

在这样一个张扬个性的时代，顺服恰好正是社会和谐相处的基础，也是弱者获得个人突破的最好武器。开始的时候，我们做的每一件小事都只是一棵用来救命的稻草，但到最后，我们会发现自己抱住的已经是棵参天大树了。

正确地
自我定位

　　关于立志，有一句大家都很认可的话：立大志者得中，立中志者得小，立小志者一无所成。但事实果真如此吗？如果弱者的理想过于远大，大到遥不可及，那么成功就没有了希望。自然而然的便会想到放弃，同时内心深处也会升起一股无力感，打击自己。但如果我们定下一个比较小的自己完全能够实现的目标呢？我们当然会充满动力的去实现它满足自己。然后再去确定下一个离我们不远的目标，如此一来，或许我们会达到自己不敢想像的高度。所以，我们要学会让理想和自己的实际情况相符，这样即使是弱者也可以获得属于自己的成功。

　　看过电视剧《萍踪侠影》的朋友，肯定不会忘记那个搞笑人物，飞驼国国王赤角。在旁人眼中，赤角是一个不折不扣的疯子，但他自己却不这么认为。他每天都为自己雄霸天下的梦想如痴如醉着。

　　《萍踪侠影》中，飞驼国方圆仅70里，是一个不折不扣的袖珍小国。不过，赤角却从来没有认清这一点，他把自己修建的小土墙当作万里长城，把100多名士兵看成是百万大军。在他看来，成吉思汗不值一提，亚历山大也算不了什么。他有一个令人匪夷所思的疯狂理想，他要灭掉大明王朝，独霸欧亚，吞并非洲。

　　现实中，有不少人为了自己一个盲目的目标，急匆匆的踏上了征程。但因为目标偏离实际太多，有些人不得不半途而废，有些人则依然在痛苦中挣扎。

　　其实，弱者与强者的界限并不是泾渭分明。两者之间的距离就像楼层与楼层，它们之间，由不同的台阶连接而成，第一个台阶上的人只有一阶一阶不断向上走，才会真正明白第一个台阶到最后一个台阶有多远的距离，也会明白第一个台阶和最后一个台阶之间的间隔究竟是什么。

很多时候，我们往往都把这个中间过程忽略了，只是将目光直接锁定在了最后一个台阶上。但事实上，成功路上布满荆棘在所难免，但是成功本身却不是一件令人感到痛苦的事。一条成功之路注定不是只有成功本身，它是由折磨痛苦、汗水泪水、鲜花快乐等等共同浇筑而成，每一滴汗水都会使鲜花得到滋养，每一滴泪水都在孕育快乐的绽放。

那么，身为弱者的我们，究竟应该如何面对自己的人生，又要怎样诠释自己的成功？

每一个弱者都有属于自己的成功，只要努力，每个人都可以抵达成功的殿堂。那为什么还会有如此多的人早早的就放弃努力？是因为他们在迈向成功时，看到的只是漫漫无边望也望不到头的长路。当他们努力了很久还是没有看到成功的影子时，成功就不会再令他们满怀憧憬，希望也会慢慢演变为绝望。当最后发现无路可走时就只能任由命运摆布，只有在哀叹中沉于现状。

每一个弱者都可以成功，只要能正确的定位好成功的坐标。比如说，一个刚刚毕业不久的工商管理本科生把自己的目标定位在了做一个成功的经理人上面，这是无可非议的事情，但如果他在求职过程中非经理工作不做，那么他的求职生计是不会成功的。相信不会有哪个老板能放心将如此重要的职位交到他手中。

最好的方法是给自己一个正确的定位。

换个方法，如果他在自己喜欢的行业中找一份普通工作，在专心将本职工作做好的同时，认真观察、记录、总结、分析整个工作流程究竟是怎么运转的。在认识了整个工作程序后，让自己在本职工作上表现得更为精彩。慢慢的，他如此设计自己的目标，也许成功就会水到渠成的实现。

每一个弱者都可以成功，关键是要领悟到什么才是成功的真谛。如果只是在一个很低的职位上应付工作，埋怨别人不重视自己，不尊重自己的远大理想，那么即使我们离自己的理想近在咫尺也很难到达。有时成长比成功更重要，在工作中获得很好的锻炼得到更大的进步，这本身就是一种成功。

所以，对于弱者而言，最重要的就是确立好正确的适合自己的目标，不要把成功的理想放在那些遥不可及的地方，目标确定好后，我们只需要脚踏实地做好手中的工作，认认真真完成工作任务，成功就已经在你手中了。

[我们最需要成为的
就是我们自己]

可能我们身边经常会有一些老年痴呆症患者，在外出活动后，找不到家，把自己给弄丢的事情。想想，我们也许会觉得这些人挺可怜的，然而当我们把思路再放宽一些时也许就会发现，丢失自己的人很可能也包括我们自己。

微软公司的总裁史蒂夫·鲍尔默同时也是一位非常优秀的演讲家。无论何时，他的演讲好像总能释放出无穷的能量，极大地激励起员工的激情。

因为太投入，每次演讲时，史蒂夫·鲍尔默总会不由自主的握起拳头一次又一次地拍打自己的手掌，有时也会突然提高音量，或是在台上兴奋地奔跑……

像他这样的全身心投入的演讲对于听众来说无疑具有很大的吸引力。

微软公司有一位经理就被鲍尔默演讲时的魅力深深吸引着，并希望自己在下属面前演讲时也可以像他一样，那么充满激情。于是，他打算模仿并复制鲍尔默的一切。

仔细揣摩好久后，在一次演讲时，这位经理也学着鲍尔默的样子，兴奋地大喊大叫，不时的在台上跑来跑去并做出夸张的手势。虽然在场的人都知道他是在模仿鲍尔默，只不过这种夸张的表演还是让台下的人忍不住想要发笑。最后，这位经理只能在大家的一片哄笑声中尴尬地结束这场东施效颦的闹剧。

在这个世界上永远不会有完全相同的两片叶子，成功的模式方法也不可能适用与所有人。所以，试图模仿或复制他人独特的成功模式是行不通的，这样的做法不会也不可能使自己获得真正的成功。因为每个人都有属于自己的特点，也会有只属于自己的独一无二的成功。所以，你不可能成为周杰伦，不可能成为刘翔，也不可能成为莎士比亚，更不可能成为布什。

我们最需要成为的就是我们自己。

耶稣有一句话："一个人赢得了整个世界，却失去了自我，又有何益？"

你是谁？是一名医生，一名律师，一个顾客，还是一部片子里跑龙套的？可能这些都只是我们在社会中扮演的角色，但却不一定是真正的自己。

英国作家弗吉尼亚·伍尔芙说："成为自己比什么都重要。"一生之中，自己是否成功，人生是否快乐幸福，我们自己才是最重要的评判者，任何其他人都不能给我们答案，真正的答案就在我们自己心里。所以，我们要成为自己，成为自己希望成为的人，这对我们每个人来说都很重要。

同样的职业，同样的技术水平，但有的人觉得满足愉悦有的人则可能觉得平淡无趣，两个不同的人就会有两个截然不同的态度。所以，自己的成功与否，不在别人的眼光中，只在我们自己心里。

比如说同样是网络高手，如果你自己的理想就是要成为一个网络高手，你一坐在电脑前就觉得充实，觉得生活很有意义，那么你就是成功的。但如果你坐到电脑前感到的不是充实而是一种堕落，觉得这不是自己应该过的生活，那么，即使你的工资待遇很高，你也会陷入莫大的空虚之中，这样的话，不管你的技艺有多高，也只能是个失败者。

很多时候，我们常常会陷入迷茫之中，我们很容易作出错误的判断。有的人觉得获得成功就是成为最好的自己，有的人觉得尽可能多的获得名利就是成功，甚至有人把成功与管理的人数划上等号。

在《做最好的自己》一书中，李开复博士给我们讲了一个令人沉思的故事。故事中一名学生这样问开复博士：我希望自己能够像您一样成功。在我看来，成功就是管人，管人这件事让我觉得很过瘾——尤其是在发放薪水时，管理者一定会有大权在握的优越感。那么，我该怎么做才能走上管理者的岗位呢？

听了他的话，开复博士问他："在你眼中成功究竟是什么呢？"他回答说："成功就是获得财富、地位，成功就是做领导、做管理。"

在整个中国无论是现实中还是历史上想必有这种想法的人不在少数。通常情况下，我们思维都会陷入一种固定的成功模式中，那就是用财富的多少来衡量成功大小，以名利大小来评价成败与否。但如果我们把这些当作自己人生的目标和理想，就会忽略掉自己在社会中应有的价值和责任。即使最后获得了梦寐以求的名和利，也不一定能获得真正的快乐和幸福。

这是一个虚荣浮躁的社会。环顾周围，我们会发现，有些人纯粹是为金钱活着；有些人靠琢磨身边人和上司的脸色活着；还有些人则以同事和朋友的看法来决定自己的生活和幸福。

有时，当自己的行为举止和周围朋友差别太大时，劝告就从四面八方朝自己奔来：别人都不把工作当回事，你干嘛要扮优秀？别人有时间都搞点社交活动，沟通感情，你为什么总是抱着书本当饭吃？别人都不诚实，你为什么那么傻里吧唧？别人都喜笑颜开打情骂俏，你为什么呆头呆脑，似乎不食人间烟火……

有一个很有趣的故事，想必很多人都听过。故事是这样的：有一个人，他的一个朋友跟他打赌，说：今天你在家里面挂一个空着的鸟笼子，等挂一段时间之后，你非得养鸟不可。他自然不会相信，说：这怎么可能，挂鸟笼子和养鸟是两回事。朋友笑着说：你不信，咱们就打个赌，你挂一个鸟笼子试试看。

听了朋友的话，他果真在屋里挂了一个鸟笼子。挂上鸟笼子的第一天，到他家来的客人不经意间看到笼子，都会问他，你的鸟是死了还是飞了？你原来养的是什么鸟啊？要不，我送你一只吧。然后他就会跟客人解释一番。

第二天，又有客人来了，对他说：你看看空笼子还挂在这儿，你特伤心吧？你那鸟死多长时间了？你是不是不会养鸟啊？我给你买一本养鸟的书，看看吧。

到第三天，就有人捧着鸟来了，说：鸟死了，挺可惜的。我送你一只吧，还有鸟食，我告诉你怎么养鸟。

送鸟的，送食的，送书的，虽然大家都是好意，但其实让他烦不甚烦。

没过一个礼拜，他想：算了，我就养只鸟吧，免得别人成天问这个鸟到底是怎么回事。所以，这个鸟笼子里真的养上了鸟。

其实，处于社会上的我们无时无刻不在受着外界的影响，也很容易按照别人的意思去选择自己的生活，而没有自己的想法和信念。

　　只有努力成为自己的人，才是生活的强者。你就是你，又不是任何别的什么人，为什么要把自己变成别人，而丢了自己呢？沃顿曾说："人固然不能成为万国之王，但应成为自身的主宰。"我觉得，人如果能够主宰自己，也是一件值得庆贺的事。

　　成功的路有很多，成为自己的道路也从来不止一条。关键是我们要善于寻找发现，如果只是被动地接受世俗规定好的模式方法，就只能在人云亦云的氛围中迷失自我。若是盲目地选择那些并不适合自己的成功之路，不但看不到成功的尽头还会为自己戴上沉重的精神枷锁。

　　所以，我们要学会摆脱自己和环境给自己的束缚，理解自己，倾听自己内心深处最真实的声音，树立自己坚定的决心和信念，才能做真实的自己。做真实的自己的人不会被世俗所牵绊，做真实的自己的人会一往无前坚定的走自己选择的路，在不断超越自己、实现自己的过程中，使心灵获得最大的快乐。

　　如果你做到了这些，那么你的人生注定是出色的、快乐的、幸福的，你也注定是生活的强者。

　　强者最不愿意面对的是什么？

　　所谓的强者，就是那些已经击败自己，并达到最佳生存状态的人。他们自信、积极、乐观，对于自己的选择、决定总是信心百倍，对自己的判断也不容别人置疑。他们自我感觉良好，身边的人更是对他信任有加。这种感觉让他们飘飘然，但若此时有人对他的某些做法有疑问，提出忠告，就很容易使他心生不悦。

　　不管是真正意义上的强者，还是浪得虚名，只要他觉得自己是生活中的强者，并因此而沾沾自喜，骄傲自大，那他就会使自己的思维陷入一个怪圈，听不得逆耳之言，也看不得别人比自己强。

　　这是典型的自负心理，很多强者或多或少地都带有点这种心理。古希腊哲学家德谟克利特说："自负的人常自寻烦恼，这是他自己的敌人。"而一个埋头于自己事业的人，是没有闲情逸致去关注别人是怎样的，更不会有精力去嫉妒、烦恼。

　　强者一旦开始自负，那么他整个人都会变得疯狂。不但不能准确地树立自己的目标还会变得争强好胜又自以是，甚至因为怕别人超过自己而常感到别人的存在对自己是一种威胁。

这样的人让我想起一个故事。故事的主角是一只非常自负的小老鼠，这只小老鼠有一面镜子，能使自己放大很多倍。闲来无事时它就在镜子面前自我欣赏，看着自己了不起的样子，小老鼠满心欢喜，觉得自己形象高大，孔武有力，是一只举世无双的老鼠。所以，它瞧不起同类，不愿和其他老鼠玩耍，甚至不愿同它们说话。

它根本不相信世界上还能有谁比自己更强大有力。有一天姑妈劝诫它说："好侄子，你可要注意点，现在大家都说你过于骄傲，自认为是兽类中的佼佼者。当心点，大象是不会喜欢你说大话的。"

小老鼠气极了，大声叫嚣："大象？大象是个什么东西！让它马上过来，我要将它粉身碎骨！"姑妈笑着说："大象是这世界上一种庞大的动物。还没有听说有什么兽类不怕它呢！"小老鼠很不服气，决定去找大象，同大象较量一番，比个高低。

在一块林间旷地上，它遇见了一条绿色的蜥蜴。"你是大象吗？"老鼠问。"不，我是蜥蜴。你找大象做什么？"小老鼠瞥了它一眼，不屑的说："那算你走运，假如你是大象，我非把你碎尸万段不可。"

然后小老鼠继承向前走，走了不远，又碰到了一只甲虫。"喂，你大概是大象吧？"小老鼠问。一提起大象，甲虫显得很胆怯，连忙摇头否认说："不，不！我可不是大象，我是甲虫。""算你福星高照。不然的话，我非把你踩成烂泥不可。"撂下这句话，小老鼠又径直向前走去。

当来到密林深处，小老鼠看到了一个像小山一样高大的动物，腿粗的像树干一样。目空一切的它倾尽全身的力气高声喝问："喂！你是大象吗？"大象四处张望一下，并没有看见它。当小老鼠跳到一块大石头上的时候，大象才看到问自己话的是一只老鼠。

大象看了它一眼，淡淡回答道："是的，我是大象。"

大象的态度让小老鼠觉得非常气愤，愤怒地跳来跳去，但它的愤怒在大象那里显然没得到重视。大象泰然自若，不慌不忙地把吸满了一鼻子的水喷向这只吵闹的小老鼠。瞬时，一股巨大的水柱把小老鼠从石头上冲了下来，几乎被呛死。

直到这时小老鼠才终于认清自己和大象的差距，委曲地爬出水洼。它完全没有料到和大象的决斗竟会这样收场。

看过小故事后或许我们会嘲笑这只盲目自大的小老鼠，然而仔细想想，其实现实生活中这样的人也不在少数。

和眼里容不下沙子同样的道理。一个自以为强大的人心中，也一样很难容下比自己更强的人。除此之外，他们还听不进和自己意见相左的话。他们总是认为自己的选择才是最好的，自己的方式才是最公道的，但往往正是这种心态和做事方式使他们陷入意想不到的危机之中。

看过《三国演义》的人都知道，庞统之死在一定程度上就是这种不健康的心理造成的。在夺取西川的过程中，庞统随刘备一起攻雒城，诸葛亮因担心他们误走小道陷入敌人埋伏，特意写信告诫庞统千万不要走小路。但庞统看后，却怀疑身在千里之外的诸葛亮根本不可能知道敌人在小道设伏而是想和他争功。于是，他就弃诸葛亮良言于耳后，依旧进至落凤坡，结果中张任埋伏，被乱箭射死。

由此可见，自负才是我们的大敌。身为强者，不仅要让自己有容人之心，更需察纳雅言。正所谓：兼听则明，偏听则暗。

真正意义上的强者，不会摆出一副高高在上的样子藐视别人。因为他们知道，海纳百川，有容乃大。而想要容纳的更多首先就得让自己处于低势，只有将心态放平才能得到更多人的帮助。所以，我们要端正自己的立场，不要以为别人取得了成就，就是对自己的威胁。事实上，没有人能够威胁到你除了你自己。

正所谓尺有所短，寸有所长，强者也只是在某个方面很强罢了，不可能所有方面都超过他人。所以不要一看到别人的优点就心生不平。要记住：你有你的优点，别人也有自己的缺点，不要总拿自己的短处和别人的优点比。

真正的强者，是不会担心碰到比自己更强大的对手的。在他们看来，被人超越不但不是坏事反而是一件令自己高兴的事情。因为对于强者来说，需要的不是高高在上的优越感而是一个亦敌亦友可以惺惺相惜共同成长的朋友。自认为是强者的你，如果依然无法避免嫉妒、自负心理，只能说明你还不够强。

没有绝对的弱者，也没有绝对的强者

　　《三国演义》中有一段精彩对白，当时的情景是曹操献刀，计破败走，恰被陈宫手下衙役捉住。夜间陈宫戳穿曹操真实身份后，责问他为什么要刺杀董卓。曹操说：燕雀安知鸿鹄之志哉！陈宫反问道："你自比鸿鹄，安知他人就是燕雀？"身为强者，如果认为其他人都是弱者，而轻视身边小人物的作用，那么强必难长矣。

　　像上面说的曹操一样，有些强者常因自己太强而以为其他人都是弱者。他们常常不顾别人的客观实际，而按照自己的尺度来要求他人，衡量他人；所以，他们居高自傲，不知谦虚，轻视、怠慢身边的人，以至于最后错失良机、酿成大祸。

　　小人物也有自己的想法，也会有属于自己的智慧，也会有真知灼见，如果我们忽视了他们的建议，甚至不给他们发言的机会，那么很多伟大的发明，惊世的创造也许就会因此而与我们失之交臂。

　　下面让我们看一个生活中小人物的智慧创造奇迹的小故事。

　　话说有一家老牌饭店，因为经营的好，客流越来越多，原先配套的过于狭小老旧的电梯已经无法满足饭店的需求。于是，老板准备改建一个新式的电梯。

　　然后老板就花费重金请来了拥有很多丰富经验的建筑师和工程师，请他们一起商讨，该如何进行改建。专家们经过激烈讨论，最后得出结论一致认为：饭店必须新换一台大电梯。为了安装新电梯，饭店需要停止营业半年时间。老板一听，顿时眉头紧锁，因为他知道，如果按照专家们的方案执行，将会给饭店造成严重的经济损失。

于是，老板问："除了停业半年难道就没有别的办法了吗？"

"必须这样，不可能有别的方案。"建筑师和工程师们极为坚定的说。

恰在此时，饭店里的清洁工正好在附近拖地，听到了他们的谈话。看到老板焦急的样子，就忍不住开口说道："除了那个办法，也许还有其他更好的办法。"

专家们瞟了他一眼，非常不屑地说："能有什么好办法，你倒说说看？"

清洁工满脸自信地说："如果是我的话，我会直接在房子外面装上电梯。"

听到清洁工这个方法，专家们顿时都诧异得说不出话来。这的确是一个出人意料的好方法。很快，这家饭店就在屋外装设了一部新电梯，而这就是建筑史上的第一部观光电梯。

在这个世界上，从来没有绝对的弱者，也不会有绝对的强者。水虽弱而可穿石，石头坚硬却也容易断裂。如果一个强者懂得谦虚，能够以宁静、宽容的心态和周围的人打交道，那么他就可以得到更多人的帮助，集合众人的力量，从而使自己变得更加强大。

但如果强者只以为自己是强者，而觉得别人都是弱者，不懂得尊重、团结弱者，那么我们自身的强大就会开始折损。就像杯子一样，当杯子已经盛满水时，再往里面加水，水自然就会溢出来，与此同理，人也一样。

当我们骄傲自大到听不进别人的意见时，我们也就停滞不前了，甚至有时还会因为自己听不进别人的良言而使自己陷入困境、危局。

还是以三国中的故事为例。

当袁绍兵力雄厚时，他自认为兵强马壮，曹操不足惧哉，于是决定出兵攻打曹操。这时，手下谋士田丰认为时机还不成熟，劝他不要冒然出兵。袁绍听后勃然大怒：曹操小儿何足惧哉，你竟然敢跟我说时机不成熟，分明是看不起我！那好，我就先把你关起来，然后打个胜仗给你看看时机是不是成熟了。

根据当时的实际情况，袁绍实力确实要强于曹操，所以在袁绍眼中自己是不可战胜的，他也根本不相信自己制伏不了曹操。正是因为他的刚愎自用，不听劝诫，才在与曹操的征战中大败而归。

当袁绍失败的消息传到后方后，狱吏兴奋地告诉田丰，说："主公因为不听先生之劝，结果打了败仗，这证明先生的看法是正确的，这下您可以出狱了。"田丰深知袁绍的性格，听了这个消息后不但一点不开心反倒一脸悲伤地说："我的死期到了。"

看着一脸不解的狱吏，田丰解释道："如果主公打了胜仗，还可能因为想向我炫耀而借机赦免我；但如果他打了败仗，就肯定会觉得在我面前丢了面子，羞怒之下，肯定会拿我出气。"结果果然不出田丰所料，袁绍一回到老巢邺城，就气急败坏地下令把田丰杀了。

与袁绍不同，虽然曹操也是强者，特别是在击败袁绍以后，更是实力大增，但是曹操并没有因此而被胜利冲昏头脑。在与袁绍的对战中获胜之后，将所得金宝缎匹全部都赐给军士。来肯定他们的努力。这样以来，所有的人都会愿意帮助他。他也会更加强大。

对战结束后，有军士检出书信一封，是曹操部下的人与袁绍暗通之书。曹操左右的人提议："可一一点对姓名，收而杀之。"曹操说："当绍之强，孤亦不能自保，况他人乎？"便命人把书信都烧毁了，更不再过问此事。

两相对比，就可以看出两人的不同了。袁绍虽是强者，然而却因为自己的刚愎自用、骄傲自大败在曹操手下。曹操同样也是强者，但他却没有因此而骄傲自大听不进别人的建议，而是看到自己的不足，虚心接受。遇到大事时，也总是会把众谋士都找来共同商量，而不是独断专行，唯吾独尊。有时，即使下属犯了一些错误，只要错误合乎常理，他也不会枉杀无辜。

同样是强者，但两个人的命运却完全不同，究竟是什么原因造成的呢？我想最主要的原因就是两者的气量和心胸。

真正聪明的人，从来不会小瞧身边的每一个人，因为他们知道，再平凡的人也会有属于她自己的优势所在，说不准什么时候就会对你有用。所以，只有谦虚的人才能让自己成为真正的强者。对那些一旦得势就盲目猖狂、忘乎所以，听不进别人良言的人，即使可以猖狂一时，也不能猖狂一世。

现实生活中，把其他人都看成弱者的强者不在少数，有些人每当下属主动向他提建议、出主意时，他就会摆出一副满不在乎的样子，心想：你区区一个小员工能懂什么呀，我还用得着你教吗？正是因为有着这种想法，所以不仅会对下属提出的建议置之不理，甚至还有可能当着其他人的面将其训斥一番。

通常情况下，当一个公司的老板开始骄傲自大，听不进别人的意见，凡事喜欢独断专行时，其公司发展也就进入了停滞不前甚至是落后的状态。

当一个强者觉得谁都是弱者时，说明自己也正向弱者走去……

你愿意成为这样的人吗？

危机意识
不可少

　　夜郎自大的故事我们都不陌生，都知道夜郎不过是一个小国，方圆才几百里而已，但其国王却总以为他的国家是一个无人能敌的超级大国。在一次和西汉的战役中，夜郎被攻破了。听说夜郎国王的自大后汉武帝冷笑道，真是夜郎自大。这时一个大臣问武帝："我们会不会是第二个夜郎呢？"汉武帝惊愕，反问道："天下难道还有比我们更大的国家吗？"

　　因为太过强盛，没有了对比的目标，强者更容易将自己迷失。

　　我们可以假想一下，如果夜郎没有被西汉攻破、战胜，夜郎国王是不是一直都会以为自己是天下最强盛的？当汉武帝冷笑别人夜郎自大时，他是否也忘记反省他自己了呢？先不说西汉是不是天下最强盛的国家，单是因为汉武帝四处用兵、几乎到了穷兵黩武的地步这点，就给他治下的人民带来了沉重的生活负担。

　　尽管他一直自傲自己建立了一个远远超过先辈们的强盛国家，但他建立的国家真就像他自己想像的那么强盛吗？熟读历史的人都知道，自汉武帝以后，西汉王朝逐步走向了衰弱，以致混乱。那么，根源在哪里呢？难道说汉武帝没有责任吗？答案当然是否定的，汉武帝是一个崇尚武力的天子，尽管他的武功让他创建了一个举世罕见的大帝国，但也正因为他的武力使整个国家经济陷入了停滞。

　　我们都知道，秦国是战国时期最强盛的国家，不管是经济、政治、军事，实力都远远超过其他诸侯各国。但后来秦始皇横扫六国、天下一统，当上皇帝以后，就开始沾沾自喜了，自以为天下已定，可以万事无忧了。然后他动用天下之民修建阿房宫、骊山陵墓、万里长城等等一系列浩大的工程。但对治下的人民，他不仅不闻不问甚至还横征暴敛，刑法严酷。以致于人民都生活在水深火热之中。

因为强盛，所以他觉得自己无所不能；因为强盛，所以他从不把治下的人民当回事。当他还陶醉在可以将自己的山河传袭万世的时候，却不知道天下大乱的局面已经初步形成。陈胜、吴广在大泽乡揭竿而起，燃起了秦灭亡的第一把火，随后天下群雄并起，看似坚不可摧、固若金汤的秦帝国瞬间就灰飞烟灭了。而灭亡他自以为强盛的秦国的人，正是那些他最看不起的人民！

从秦国的灭亡我们可以看出，当一个国家看似强盛时，危机往往也会随之而来。作为强者，如果自己眼中看到的只有成绩，而没有危机，那么对自己所存在的弱点也必将认识不足，甚至根本没有丝毫的意识。这样就很容易盲目地高估自己的实力，做出一些脱离实际情况的事情。

所以，强者更需要自我反省，并让自己时刻充满危机感。

当一个强者时刻注意着自身的缺点，并总是充满危机意识、随时准备面对各种挑战和困惑时，他才可能使自己时刻保持清醒状态，不断克服阻碍自己获得更大发展的一个又一个困难。

提起哈佛大学，相信没人会感到陌生。建校已经近400年的哈佛大学是世界级的一流大学也是美国最早的私立大学之一，以培养研究生和科学研究为主。在世界各大报刊以及研究机构提供的排行榜上，哈佛大学的排名常常是世界第一。在2007年万维网的世界大学排名里，哈佛大学排名世界第二，仅次于麻省理工学院。

我们肯定想不到，这样名气与实力兼具的一所大学，在350年校庆讲话中，哈佛的校长讲的几乎全是忧虑、挑战、困惑。这不是很令人费解吗？

他在演讲中，是这样说的：

我们有足够的理由相信现在是庆祝美国这所最古老大学诞辰的最好时刻，也是庆祝美国教育取得最伟大成就的最好时刻……

如果说350年来哈佛有一个贯穿始终的特点的话，那就是我们始终心神不定地担忧着，即使在外界形势一片大好、看起来没有任何理由担忧时也是如此。因为每当我们为所取得的成就而兴奋时，就会感到一阵阵异样的刺痛，让我们心中惶惑。

那是因为我们清楚的知道有多少学院是在全盛时，在兴奋中种下了日后衰退的种子。所以，我们必须在获得成就时及时的从自我沉醉中清醒过来，并问一下在自己前面究竟还会有什么敌对的力量存在着？命运又会有什么改变？又有什么内部矛盾和过分行为会削弱我们的大学或阻碍它继续为现代社会和人类的需要而作出贡献？

……

看到这个你一定会觉得很惊奇，作为世界级的一流学府的管理者，他满脑子想的竟然都是危机。很不可思议是不是？但是，换个角度去想，也许恰是这种危机意识才使哈佛大学的发展越来越好，实力越来越强。

其实，危机意识，不仅仅是学校的发展需要，对于生活中那些看似强盛的人来说，危机意识同样很重要。因为当一个人变得足够强盛时，他自身的一些缺点就会被弱化，就像太阳放射出万丈光芒，太阳黑子就会被光芒掩盖住一样。

没有人是绝对强盛的，强盛也不是永恒的，当我们沉醉在良好的自我感觉中时，也就停止了对弱点的反省。不管是强者还是弱者，一旦缺乏自我反省就会使危机过早到来。

有时候，可能道理都懂，但是，还是有很多人迷失了。

对于已经习惯了高高在上的强者来说，维持他们强者的形象变得极为重要，而以弱者的姿态出现则是他们所不能接受的。有一个企业老板就是如此，多年来他的企业一直都是市里的明星企业。然而出乎大家意料的是，在一个年末来临时，他自杀了。

这的确是一件突兀至极的事情，没有人会料到这样的事情会发生在他的身上。在大多数人眼中，他一直都是大家学习的榜样，谁又会想到像他这样的强者竟然也会有这样的下场？

经过调查，结果更是让大家感到不可思议。竟然只是因为企业往年给职工发放的奖金是全市最高而今年因财务上出了状况，企业拿不出奖金。就这样，在强大的心理压力下，他选择了自杀。

表面是强者，也许内心却非常脆弱，尤其是那些已经迷失自我的强者，往往当危机来临才会认识到自己的错误，才会感到后悔莫及。

所以，身为强者更需要有危机意识，主动寻找自身的缺陷与不足，然后进行反思，不能盲目乐观，过分高估自己的实力。只有这样，才能在不断在反省中弥补不足，获得更大发展。

宽以待人
是种大胸襟

通常情况下，强者善于做大事，弱者却能成小事。但是每件大事都是由不同小事组成的。假如强者每件事都亲自去做，那么他可能也会沦为弱者。因此，强者的大事大多是通过弱者所做的小事完成的。对于强者而言，最应该懂得的是怎样尊重身边的弱者。有时候小人物也能起到大作用，也许在关键时刻，恰恰是小人物给你解决了大麻烦。

张飞的勇猛在五虎上将中是出了名的，他可在百万军中取敌军上将首领。只是张飞脾气急躁，常酒后鞭打士卒。记得在阆中镇守时，他闻知关羽被害，旦夕号泣，只要心中不快，就拿士兵出气，只要有过失就鞭打他们，以至于多有士兵被鞭打而死的。

一日，张飞下令："限三日内，军中制办白旗白甲，三军挂孝伐吴。"越日，帐下两员末将范疆、张达，入帐禀报张飞："白旗白甲，一时无可措置，需宽限些日。"

闻听此言，张飞勃然大怒，喝道："我急于给二哥报仇，恨不得明日便到逆贼之境，你们竟敢违抗我的命令！"愤怒之下，便让身边的士卒把二人绑在树上，每人被鞭打五十下。打完之后，他便用手指着二人道："明天务必全部完成！假如有违期限，就杀你们两个人示众！"

二人被张飞打得满口出血，回到营中便叫苦不迭，一筹莫展，不知如何是好。范疆道："今日受此刑责，若明天置办不齐，你我都将被杀啊！"

张达道："与其等待他来杀我，不如我先下手为强！"

"但是没有办法接近他啊。"范疆一脸无奈。

张达道："假如我们两个不应当死，那么他就醉倒在床，如果应当死，那么他就不醉好了。"

二人经过商议，决定冒死一搏。哪知张飞这天夜里果然喝得大醉，卧在帐中。范、张二人探知情况，初更时分，各怀利刃密入帐中杀了张飞，并连夜带着他的首级向东吴逃去。

在此之前，刘备得知他有鞭打士卒的毛病，也曾劝过他："你鞭打士兵，此取祸之道也，而你居然还让这些士兵随你左右，早晚都要被其所害的。今后对待士兵，应该宽容些。"可惜，对刘备的话，他压根没有听进去，最终遭到手下的谋害。

宽以待人，是一种智慧，更是一种胸襟。然而，当我们变得强大时，不经意间就会变得自以为是。凡事总喜欢以自我为中心，从不顾及他人的感受。最后，不仅使自己难成大事，而且还让身边的人对自己深感不满。

为什么我们不能对他人宽容些呢？俗话说"宰相肚里能撑船"。一个缺乏包容心的人很难有大作为。正所谓："心有多大，舞台就有多大；心有多宽，舞台就有多宽。"真正的强者绝不会恃强凌弱，而是用宽容之心赢取他人之心。因为他们知道，一个人只有心胸宽广之后，智慧才会与日俱增。

如果我们总是习惯捉住别人的过失不放，喜欢在一些琐事上与他人斤斤计较，甚至还在某些事情上与人针锋相对，自己就难免被别人怀恨在心。大海之所以博大，是因为它从不拒绝四面八方奔流而来的河流。哪怕是浑浊、肮脏，甚至是臭不可闻或者带有剧毒，大海都能够欣然纳之、容之，如此博大的胸襟自然会造就大海的浩瀚。

对于那些总是自以为是的强者来说，他们从来都不知道"己以宽人之心待人，人必以宽待之"的道理。他们总认为只有别人对自己唯命是从，才能彰显出自己的强大。只有对下属严格要求，刻薄对待，才能让他们知道自己是多么了不起，是多么的有本事。

如果这样，可能结果往往会令你感到事与愿违。

一个人只要懂得宽容的真谛，才会使自己变得更加强大。因为宽容能使你学会尊重别人，容纳别人的缺点。即使我们的宽容暂时没有得到他人的理解，我们都不必介意。宽容是一颗种在他人心中的种子，相信总有一天它会在对方心中生根发芽的。

一天晚上，有位老禅师在禅院里散步时，突然发现墙角有一把椅子。他知道有人不顾寺规，越墙出去游玩了。

于是，老禅师把椅子搬开蹲在了原处。果然，没多久，有位小和尚在黑暗中翻墙而入，踩着老禅师的后背跳进了院子。当他双脚落地时，才发觉刚才自己踏的不是椅子，而是自己的师父，小和尚顿时惊惶失措。

但是，老和尚并没有责怪他，而是心平气和的对他说："夜深天凉，快去多穿件衣服。"小和尚深受感动。于是，回去后便把此事告诉了其他师兄弟，从此以后再也没有人夜里越墙出去闲逛了。

何为宽容？当紫罗兰被你用脚踩扁时，它却将香味留在了你的脚跟上，这就是宽容。试想，假如这位老禅师没有宽容他的弟子，而是很严肃地对他们进行责罚，相信众弟子虽然会因规矩而不敢再外出游玩，但他们一定会对老禅师心生怨恨。

一个真正强大的人，一定不是因为他身居高位，而是缘于他的宽人之心。只有那些具有人格魅力的人才会使自己真正强大起来。现代社会中，一个人如果能够受到别人的欢迎、容纳，实际上，他就已经具备了一定的人格魅力。

当我们的人格魅力感染到他人时，不仅可以得到别人的尊重，而且能得到他人无私的帮助。

通常，一个有人格魅力的人，大都具备友善、同情心、乐于助人、关心集体的特点，他们对自己要求严格、有进取精神，自励而不自大、自谦而不自卑。此外，他们还很善于控制和支配自己的情绪，常具备乐观自信、宽大旷达的心境。在与人交往时，总是给人带来欢乐的笑声，让人感到精神愉快。

真正的强者 更懂得谦虚低调

　　每一个错误的观念都很有可能使我们陷入逆境。也许只有经历了这些困难和打击，我们才会真正变得强大。

　　叶丹，38岁，是屯溪一家公司的老板，早已是百万富翁的他现在却一直在原地徘徊不前。他的出身并不算好，是靠着多年的打拼才在商场稍有所成。但是，就在1998年，一次偶然的机会使得他的企业大赚一笔，一夜之间，他成了当地有名的百万富翁。

　　但是，自此以后，好运再也没有光临他。后来的生意和往常一样，小打小闹，并没有多少利润入账。然而，对于这些他却并不在乎，总是自以为是。和朋友们讲起话来也总是一副趾高气扬的样子，目中无人。

　　只要一有机会，他就向公司员工炫耀，自己是如何从一个普通的打工仔到今天这个地步的。对于员工们取得的成绩，他总是不屑一顾，心想："这有什么啊，我像你这个年纪，早已在社会闯荡多少年了。"

　　正因为这些错误的观念使得他的企业一直停滞不前。一些从前不如他的小企业却一天天发展壮大起来。对于别人做出的成绩，他他会不屑一顾地说："就他也能发展成这样，肯定从中做了什么手脚，没准哪天就会招来官司。"

　　对于那些稍有成就的人来说，会有这样目中无人的表现不足为奇，因为在他们看来，自己已经获得成功了，已经拥有了骄傲的资本，于是便沾沾自喜起来。然而正是他们有这些错误的观念，才使他们的发展受到很大的限制，以致停滞不前。甚至有些人还因为满不在乎，骄傲自满而使自己的企业陷入低谷，乃至到了破产的边缘。

这好像是大多稍有成就的人都很难逾越的"瓶颈"。虽然我们并不能将其也归为逆境，但对于那些想获得更大发展的人来说，这又不得不算是他们的最大逆境。他们一方面雄心勃勃，想获得更大的突破与飞跃，另一方面又对自己的错误观念满不在乎。这既令他们焦急万分，却又找不到问题究竟出在何处。

那么，真正的强者又该怎样一步步向前发展的呢？

真正的强者从来不会迷失自己，尤其在成绩面前，他们知道目前的成功根本就不算什么，因为今后要走的路可能会更加坎坷，更加艰难。如果放松了对自己的要求，以为从此以后可以高枕无忧了，那么今天的成就可能会成为明天失败的根源。

真正的强者不会对比自己强的人心生嫉妒，因为他们知道，别人的强大背后一定藏着鲜为人知的秘密和诀窍。他们会放下身价虚心向他们学习，通过吸取其优点，来弥补自己的不足。正是这种谦虚的态度，才使得他们具备了取长补短的博大胸襟，和不断反思自我的心态。

真正的强者从来不会在员工、朋友眼前，摆出一副高高在上，老子天下第一的姿态。相反，他们会比以往更虚心，更平易近人。因为他们知道，一个真正的强者并不是让自己显得处处高人一等，而是要谦虚谨慎，能听得进不同的意见。

真正的强者从不会看轻身边的每一个人，他们深知"勿以善小而不为，勿以恶小而为之"的道理。一个真正的强者会更加注重身边的每一个细节，他们从来不会对自己所犯的一个小小的错误置之不理。他们深知，越是微小的细节越能决定整个事情的成败。

对于那些自以为是的强者来说，也许只有因这些错误观念而陷入逆境的时候，他们才会对自己的不良行为进行深刻的反思。虽然很多人并不能在短时间内发现问题的实质，但他们停滞不前的状况及日渐消退的趋势必定会引起他们的关注。其实对于那些真正的强者来说，很多人或许也是从曾经困扰自己的这些事中走出来的。

路是一步一个脚印走出来的，强者也是通过学习、领悟、经历而一点点成长起来的。没有能够一步登天。从强者的成功之路来看，也许那些所谓强者的错误观念也曾经给他们造成过困扰，使他们面临困境，所不同的是，他们已经意识到了那些错误的观念并及时改正过来，从困境当中走了出来。

所以，在通往成功之路的过程中，会陷入这样的误区，面对这样的困境也是在所难免的。当我们有一天从困境中走出来的时候，不要对此懊悔不已，或是将其束之高阁，而是要把它们当成人生的一笔财富。对于曾经的那些错误观念，我们应该由衷地感谢它们。

战胜自我，
强大内心

●

8

　　一个人的负面情绪太多了，就会像阴雨天存放在仓库里的谷子，会逐渐潮湿、发霉。我们必须等待雨过天晴时，把"潮湿"的心拿到阳光下晒晒。让乐观的情绪，在温暖的阳光下渐渐复苏，当你再次微笑的时候，你整个人都会焕然一新。

我们不能成为别人，但可以做自己

人不可以太自卑，否则，就无法塑造一个强盛的自己；一个人如果总是拿别人的长处去对比自己的短处，就会对自己失去信心。其实每个人都是独一无二的，而一个觉醒的人总是在不断反思中超越自己。事实上，我们最难超越的是自己而不是他人，这是因为我们无法成为他人，只能成为自己。在一段相当长的时间内，我们都将让自己迷失在羡慕、模仿他人的怪圈中，然而也恰恰是这些迷失让我们重新塑造了一个更强大的自己。

许多人大概都看过一部当时很流行的电视剧《丑女无敌》，当中的女主角林无敌没有美丽的容颜，取而代之的是钢丝头、大龅牙、铁牙套、臃肿的身材、邋遢的穿戴，她的外貌不仅有点影响公司形象，甚至还有点"影响市容"。

虽然她很丑，但她并没有丑到惨不忍睹的地步，可在我们身边，像林无敌这样的人恐怕并不少。其所不同的是，她不但没有因自己丑陋的外貌而自卑，更没有自暴自弃。如果她稍有一点与其他女士比美的攀比动机，她无疑会败得惨不忍睹。

人们有一点都感到好奇，那就是她是如何从一个小小职员，晋升到一个令身边人都可望而不可及位置上的？这大大吸引了许多职场打拼一族的眼球，同时还引发一场关于"职场丑女，缘何能无敌？"的大讨论。

尽管结果十分出人意料，让许多人都大跌眼镜，但一切好像顺理成章、水到渠成，好像如果她没有坐到那个位置就不合常理，不近人情。尽管纷至沓来的赞许也让她感到压力，但我们却并不觉得她被工作压得头昏目眩、气喘吁吁。

这时，我们一定是产生了强烈的好奇心，同时又感到十分迷惑，甚至还会不停问自己，她到底走了什么捷径，又用了什么绝招。那么下面我们不妨对其求职经历进行一个全面剖析，看她身上究竟有什么不为人知的看家本领。

林无敌毕业于某重点大学金融专业，尽管她对金融与企业治理方面十分熟悉，但却因外形不堪，梳妆老土，而在职场中屡屡碰壁。但她与其他人不同的是，她虽然屡屡失败，但并没有灰心丧气，而是越挫越勇，在被用人单位拒绝了17次后，终于在第18次获得了工作机会。

就职于美女如云的广告公司，她的生存之道，就是扬长避短，以聪明与忠诚赢得老总信任。在公司泛起危情时，她总是可以挺身而出，解决了一个又一个难题。终于，丑小鸭在竞争激烈的职场中完成了到"白天鹅"的蜕变。

这个故事看完了，那么大家仔细想想现实中的我们又是怎样做的呢？我们是不是常常因技不如人而感到自惭形秽，因为没有良好的家庭背景而抱怨父母？我们总是在无意中将自己放在了一个低人一等的位置上，然后独自黯然神伤。

我们无法将与人攀比的本性其从内心完全清除，我们只能做到在与人攀比时不要一味否定自己，而将自己比得一无是处。并且，一旦自卑过分，我们会很容易将自己所具有的巨大潜能忽略掉。我们自认为处处不如别人，而一旦我们真正觉醒，就会发现，其实一切并不是自己想像的那样。

很多时候我们不是没有进取心，也不会去虚度光阴、玩物丧志，我们只是缺乏自我觉醒。其实在我们追求梦想的旅途中，挫折不断，遇到困难也是常有的事儿，而这时候我们的立场将决定自己会以一种怎样的心态去面对它们。

面对困难时最好的方法是自我反思，而不是让自己深陷消极、自卑的泥潭而叫苦不迭。很多时候，我们之所以会感觉到自己停滞不前，就是因为这种错误的思维方法。如果一个人已经不再看好自己，那么他将来就会无所作为了。

谁都想使自己变得强大，当然强大不一定是拥有多少资金、多少财富，其实这种强大是一种不愿让自己浪费时间，碌碌无为地过一辈子的心态。我们都是从崎岖中一步步走来，在经历各种挫折后终于发现，我们真正难以超越的不是外在的许多磨难与阻碍，而是我们自己的立场、观念。

怎样才能让自己变得更加强大呢？首先要确立一个观念，就是我们不可能成为别人，只能成为最好的自己。

如果你想方设法来证实自己的能力不行、水平有限、背景不够，那么你就无法发挥出自己内在的潜能。如果你仍然无法走出自卑的阴影，对自己顾虑重重，那么这样你就很难将蕴藏在自己身体中的潜能开发出来。

可是，我们并不能就此而让自己误入了迷途。人生没有坦途，那些最终拥有灿烂人生的人也多是从迷途中走过的。这些人不仅不会憎恨自己的这些经历，而且还会对其充满感激之情。因为他们在迷失中懂得了反思，学会了怎样清楚的看待自己。

其实他们也有过自卑的经历，也曾觉得自己一无是处，有时甚至放弃了进步愿望，和对未来的期待。此时，前面是高山，后面是绝路，在走投无路的时候，他们终于爆发了，开始开掘自己的潜能，以奋力一搏。

就是因为这奋力的一搏，才让他们看到了自己的另一面。其实一切并不是自己想像中的那个样子，是不正确的方式和观念把自己逼到了无路可退的境地。当他们觉醒后，发现自己原来有如此大的潜能被埋没了。于是他们下定决心，开始从自己身上获取能量，并对自己深信不疑。

要对始终对那段迷失的路心存感激，只有经历了它，我们才会慢慢变得强大起来。当一个人开始向从他的内心寻求题目的解决方法时，那他距离真正强大的自己更近了。而且也只有走出那些误区，才会使我们坚信，只有做真实的自己，才能让自己强大起来。

你不必事事委屈求全

在生活中，我们的思想与行为经常会受到来自外界的影响。比如，当你的观点与他人有悖时，即便自己坚信是对的，有时也会迫于众人的压力，而放弃自己的观点"随大流"；参加活动时，为了与大家保持一致，有时你难免会选择"委曲求全"；自己身边的年轻朋友大多都结婚了，你自然也会考虑自己应该找个人谈谈恋爱，结婚了。这就是一种从众行为。在我上大学时，曾经历过这样一件有趣的事。

记得是在千禧年前一天的傍晚，班上的一群同学相约一起去学校附近的广场看千禧节目。从学校走到广场大约需要30分钟。大家就这样无聊地走着，突然有一个男孩出了个主意，就是让大家同时望向天空中的某个地方，并做出好奇的探索状，观察路人会做何反应。对这个恶作剧大家都非常感兴趣。

于是乎，我们几个人都围在一起，形成一团，把头抬起来，望向天空，手臂若无其事地指向天上的同一个位置，嘴里还故意含糊不清地说着我们自己也听不懂的话。我们一边笑，一边看，一边说。

果然没过多久，路上的行人就有了反应，他们跟着我们一起抬头看天，真的以为天上存在什么吸引人的东西。

我们觉得越来越有趣。抬头望天的人也越来越多。有些人边走边看，有些人则干脆停下来认真观看，但却没有一个人过来问我们到底在看什么。

等大家都觉得恶作剧该结束的时候，我们便一哄而散。继续前行，背后却留下了一群看天的人！

直到有一个小女孩一语道破真相，她说："妈妈，天上根本什么也没有，哥哥姐姐们在骗人！"那些望天的人们才知道自己被骗了，有的匆匆离去，有的自我解嘲地傻笑。

从众就指个人受到外界人群行为的影响，而在自己的知觉、判断、认识上表现出符合于公众舆论或多数人的态度的行为方式。

通常来讲，在一个群体中，如果一个人发现自己的行为和意见与群体不符，或与群体中大多数人存在分歧时，就会自然而然地感受到一种压力，它促使他趋向于与群体保持一致。换句话说，从众来自于群体对自己的无形压力，从而迫使自己违心地产生与自己意愿相反的行为。

从众性与独立性是人们存在的两种互相对立的意志品质。从众性强的人缺乏主见，容易受到暗示，容易不加考虑地采纳别人的意见并付诸实行。学者阿希曾进行过从众心理实验，结果在测试人群中仅有1/4~1/3的被试者没有发生过重的从众行为，保持了自己的独立性。

从众行为的程度在不同类型的人身上具有不同的表现。通常来说，女性比男性更容易从众；性格内向与自卑感较强的人比那些性格外向与自信的人更容易从众；文化程度低的人比文化程度高的人更容易从众；年龄小的人比年龄大的人更容易从众；社会阅历浅的人比社会阅历丰富的人更容易从众。

事实上，从众有时候也不一定就是什么坏事。当你无法做出决断的时候，别人的做法可以供你参考。通常而言，大多数人的决定都不会错，他人的经验就是你的行为标准，这样做可以为你省去很多不必要的麻烦和时间。

但是，从众心理也会使人缺乏分析，从而降低人们独立思考的能力，况且鞋合不合脚只有自己知道，别人的经验拿过来也不一定适合你，或者根本就是错误的，俗话说："真理往往掌握在少数人的手上"。如果我们不顾是非曲直盲目地服从大多数，随大流，这种行为是不可取的，是消极的"盲目从众心理"。

一年前张丽毕业于某所大学，现在一家影视传播公司里上班，虽然月收入并不高，但她已经是有房一族了，尽管如此，她却过得并不快乐，因为每个月的月供让她非常辛苦。

原因是她看到朋友们都买了房，在"房价还会不断上涨"的舆论影响下，再加上她的一点虚荣心与攀比心，生怕自己跟那些有房的朋友们"不合群"，因此，她想都没想就下定了买房的决心，并让父母为自己交了首付，自己则负责月供。

真的成了有房一族，却并没有让她获得更多的快乐。房价并没有她想象中涨的那么快，相反，月供却占到了每月工资的80%，压的她喘不过气来。她十分后悔当初买了房。

马克·吐温说："一般人缺乏独立思考的能力，不喜欢通过学习和自省来构建自己的观点，然而却迫不及待地想知道自己的邻居在想什么，接着便会盲目从众。"一个独立性强、思维清晰、有主见的人是绝对不会盲目从众的。现在有许多年轻人，或缺乏对自身的认知，或对前路一片迷茫，或碍于虚荣，宁愿跟着别人走也不愿意停下来听听自己内心的声音，不问自己想要什么，也不想想别人的选择是否是自己真正需要的，就像上面的张丽，效仿别人，盲目从众，结果却给自己带来了沉重的负担。别人的意见只能拿来做为参考，最终的决策权还是要结合自己的实际情况来定。所以，我们要清楚地认识现状，知道哪些东西是自己需要的，而哪些东西是自己不需要、不能跟随的。

自我超越，成就自我

我有个美好的愿望，我想超过所有的人，我想成为天下第一，这个理想能实现吗？如果你把这个作为人生目标，显然是在让自己做一个遥不可及的荒诞乖张的白日梦。事实上，我们所能掌握只有我们自己，实现中我们能做到的就是超越自己，我们可以让自己今天比昨天做得更好，让自己的明天比今天更提高。因此，自我超越对每一个人来说才是最重要的。

我们常常在说，我要成为某某一样的人，我想要过上过上某某一样的生活，我想拥有某某一样多的财富，我想具有像某某一样的渊博知识，我想拿到像某某一样的高薪，这个时候，我们其实是在无形中将别人作为自己的目标参照。

我们总是很轻易的在职位、地位、能力、财富、知识、乃至生活中的其他各个方面拿别人做自己的参照目标，但却很少去比较自己的过去、现在、将来。到底谁是我们想超越的对象？是别人还是自己？的确，我们需要榜样，但我们真的能成为他们吗？

都说，榜样的力量是无穷的，我们也总是梦想着某一天能和他们一样。为什么我们总是把别人作为自己的超越目标呢？是因为我们以为他们比自己更完美，更令人羡慕。因此我们愿意花费更多时间和精力去向他们靠拢。

俗话说，而一山更比一山高。是的，我们无法超越所有的人。我们苦苦追寻、历尽千辛万苦，之后却发现自己有超越不完的人。

我们千方百计地追寻别人身下的影子，想从他们身上获得更强大的动力以及更旺盛的力量，但是当你真正达到甚至超越那个人时，你会发现一切并不是你想象中的样子。

　　谈一谈现实生活中的体会吧。一次看电视，无意间看到了电视连续剧《李小龙传奇》，我不禁大吃一惊：电视剧中的那个不就是真实的李小龙吗？对于李小龙我是清楚的，1973年他就已经去世了。可剧中的这个人又是谁呢，难道是李小龙的儿子，李国豪？，他与李小龙真是太像了，不仅是样貌无差，更是那股精气神！

　　之后，我便开始关注起了这部电视剧的相关资料。真是天公作美，一次偶然的机会，我在中心10台无意间看到了一个关于该片总导演的讲述节目。该片不仅讲述了这个剧组在美国等多个国家拍摄的经历，也谈到了演员选择过程。

　　其实，导演李文歧最初是想让甄子丹来出演李小龙这个角色的，他演的功夫片是家喻户晓的，这样也更容易引起媒体关注。然而李文歧导演最后却放弃了这个计划，理由是，甄子丹就是甄子丹，而不是李小龙。试想如果将李小龙演成了甄子丹，那么这部电影的价值何在？它的影响力也必将大打折扣。

　　而陈国坤的出现让导演立刻下了决定：就让他扮演李小龙。陈国坤何许人也？陈国坤，人称"小龙"，原本是特约演员，经朋友先容介绍认识了周星驰，并于2000年担任周星驰主演影片《少林足球》的排舞师，此后因貌似李小龙而被周星驰欣赏，进而安排他饰演《少林足球》里的主要角色，从此成为星辉旗下的全职演员。他出演的影片还有，2002年由美国哥伦比亚公司投资，徐克导演监制的片子《千年僵尸王》，2004年《功夫》中的反派大佬更让人印象深刻。

　　陈国坤的外形及精湛的演技真是令观众们面前一亮，仿佛那个已经离开我们30多年的李小龙又出现在了荧幕上。他把李小龙演得活灵活现，一切犹如真人再现，就如同唐国强出演的毛泽东。这是导演的成功，这是这部电影的成功，这更是陈国坤的成功。

　　甄子丹把陈真演活了，于是他成就了自己；陈国坤把李小龙演活了，他也将成就一个从未发现过的自己。不管是要成为一名优秀演员还是其他，我们都不要迷失方向、迷失自己，而是要把握时机，成就自己。

　　我们常常在追逐别人的过程中发现了自己，其实，人生这个过程的本质就是自我发现。每个人的人生都是独一无二无法复制的，因此你不可能成为别人，你只能去成就自己。

　　一项研究指出，每个人心目中都存在两个自己，一个是现实中的自己，另一个是理想状态中的自己。这样，我们的人生使命不就是让现实中的自己突破实际存在的种种束缚，逐渐完善自己，进而最终成为理想中的自己吗？

　　在我们一步步与理想中的自己靠近时，即使遇到各种挫折与难题，我们依然会感受到生命的价值和意义。没有比努力成为理想中的自己更有意义的事情了，但这一切必须在努力实现自我超越的过程中完成。

　　怎样才能清楚的认识自己，并在现实中超越自己呢？认清自己，就是清楚自己目前所处的位置，及所要面对的现实状况，就是认清楚自己是什么，存在于哪一种状态中，自己真的需要什么，自己正在被什么束缚着。

　　如果不能够清楚的识别这些，自我超越就无从谈起。

　　在现代这个社会中，我们很容易让自己迷失在物质世界里，而且我们又特别在意别人对自己的评价。利益会让我们的判定发生改变，别人的言论会让我们的选择摇摆不定。所以我们更容易使自己迷失在物质与世俗之中。

　　最重要的是要自我超越，但我们最终要超越的是什么？人生若是一条线段，现实和理想就像是一条线的此端和彼端，现实中的自己在此端，而理想中的自己在遥远的彼端。我们如何才能从此端走到彼端呢？

　　事实上，我们总是背负着现实生活中的各种沉重包袱，比如物质利益、世俗观念、消极心态、不良习惯、错误认知等，只有及时把这些紧紧束缚着我们的包袱一件一件卸掉时，理想中的自己才会早日成为现实。

每一个好习惯的养成
都不是短时的

　　看过电视剧《倚天屠龙记》的都会记得，其中有这样一个片断：张三丰传授张无忌太极剑，演示完第一遍后张三丰问张无忌："都记住了吗？"张无忌点头表示都记住了。稍过一会，张三丰又问："现在还记得多少？"张无忌回答：已忘记一小半。又过了一会，张三丰再问："现在还记得多少？"回答：已忘记一大半。到最后，当张无忌全都忘了的时候，张三丰满意地点头。我们可能会和电视中其他人一样奇怪，张三丰希望他达到的究竟是怎样的一个境界呢？这和人的习惯又有什么关系呢？

　　众所周知，太极是一门以柔克刚、借力打力、以静制动、后发制人的功夫。它在我国武术史上的创建和发展绝非偶然，四海之内，有史以来，还没有哪一门功夫能像太极一样有着如此复杂而完善的理论。它所阐述的正是宇宙从无极而太极，以至生化万物的过程。

　　太极功夫追求的是一种"千招成无招，无招胜有招"的境界。它从不追求主动进攻，而是以静制动在防守中攻击。其实，以柔克刚也好，无招胜有招也罢，这些无疑都是太极功夫的最大特点。但是，张三丰为什么要让张无忌把学来的剑法全部忘记后再与敌交战呢？

　　在一般人眼中，等到什么都忘了再与敌对决那不是必败无疑吗？张无忌可是张三丰的师孙，难道说他还会害自己师孙不成？在场众人对此都是百思而不得其解，都不知道张三丰的葫芦里卖的究竟是什么药。

　　可谁知，对决刚一开始张无忌就令对手大吃一惊，一把太极剑在他手中竟像是拥有了生命一般翩翩起舞，灵动异常，几个回合下来，对手便败下阵来。这种结果，令很多人大为吃惊，不能理解。那么，这其中究竟隐藏着什么秘密呢？

其实，真正的武功高手从来不会拘泥于一招一式，也不会局限于各种套路，而是会把武术彻底的融入自己的身体让它自然而然的成为自己身体的一部分。如果过分在意招式，就很有可能使自己被这些固定的招式束缚住。在搏击比赛中，假如两个人水平相当，那么过分追求招式的人就可能会处于劣势。

在单田芳的评书中，我们常会听到一句话是：说时迟，那时快。可见，在战斗中速度是很快的，处于格斗中的两个人，没有一方会给对手留下足够多的思考时间，而是快如闪电，以尽可能快的速度打对方一个措手不及。这个时候，如果让显意识来指挥自己的行为，在时间上肯定是来不及的，只能靠自己身体的本能反应速度。

由此可见在竞技中，显意识显然是行为的绊脚石。但因为熟练而变成自己的本能反应后的抵御反击却是成功的关键。

自主的显意识会束缚张无忌的思维，干扰到张无忌的出招。只有排除意识的干扰，行为才会完全交由潜意识来指挥，只有交由潜意识来指挥，才能发挥出太极的最大威力。在这个故事中，作者显然运用了夸张手法，因为在现实生活中我们很难在短时间内将行为动作沉淀到潜意识当中并形成习惯。

每一个习惯的养成都不可能是短时间内完成的，它必须要有一个积累沉淀的过程。习惯属于潜意识，只有当我们对某一种行为多次重复后，它才会沉淀到我们的潜意识中，成为我们在不知不觉中就能自然而然的做出的行为习惯。

生活中，我们经常会碰到一些特别会讲大道理的人，无论说起什么来好像都头头是道，但如果真让他去做却往往什么都做不好。可见说是一回事，做是另外一回事，"说"和"做"之间差着岂止十万八千里，"做"比"说"要难得多。

朱熹说："论先后，知为先；论轻重，行为重。"很多时候，道理是很容易明白的，而且我们自己也能说出许多的合情合理的大道理来，但我们就是不能将其运用到自己的实际生活当中去。对此，我们也常常会心生烦恼，但却又觉得无可奈何，甚至渐渐的我们开始不再相信什么大道理，也不再想听大道理。

　　牛皮不是吹出来的，道理不是说出来的，如果只说不做，到最后终将一事无成。只有结果是最具有说服力的，"做到"才是硬道理，所以我们要立刻行动起来，正如荀子所说："道虽迩，不行不至；事虽小，不为不成。"

　　我们应该让好的行为沉淀到潜意识中去，成为我们日常生活习惯的一部分。习惯决定成败，好习惯决定大未来。每一个成功人士之所以成功，与其良好的日常行为习惯是分不开的。正是这些良好的习惯帮助他们挖掘出更多的与生俱来的潜能从而使自己走向成功的道路。

　　智慧决定不了成功。研究发现，很多成功人士之所以成功并非他们比他人更智慧、更能说会道、更勤奋，而是因为他们拥有很多常人所不具有的良好的行为习惯。而恰恰是这些良好的日常行为习惯让他们做事有条不紊，同时也让他们有更高的办事效率。进而变得更有教养、更有胆识、更有能力的成功人士。

　　对那些正被各种生活问题困扰在逆境中挣扎的人来说，是否也该认真反思一下了？

　　困扰自己的，是不是那些已经成为潜意识的不良习惯？阻碍自己的，是不是那些驱而复来的坏毛病？如果是它们，那就从日常小事做起，将坏习惯一点点改掉，用好习惯将它们代替。

　　千招成无招，无招胜有招。好的习惯一旦养成，我们离成功就已经不远了。

别让坏习惯
阻碍你的提升

坏习惯会阻碍我们的提高，并影响到我们迈向成功的脚步。现在想一想，你是什么样的人，你又希望自己成为什么样的人？在实现梦想的道路上，有哪些坏习惯在影响着自己，又有哪些有助于成功的好习惯帮助着自己？我们应该做的就是把好习惯找到并坚持下来。

好习惯成事，坏习惯败事。然而，对于很多成年人来说，他们多年来已经形成了一套自己特有的固定习惯，而这些固定习惯则常把自己局限于某种思维、行为和环境当中，很少有人能跨越那条自己强加给自己的人为界限。

人人都会有局限，只是大小不同罢了。不管我们的思维、行为局限在哪里，一段时间之后，不断地重复和自我心理暗示会使我们适应了这种局限并对这种局限视而不见，以为这是一种正常的、无法改变的状态。

幸而，人类是追求完美人生状态的高级动物。在我们内心深处藏着一套自动反思系统，特别是思维受到外界冲击时，自我反思系统则变得异常活跃。我们会沉静下来仔细思索自己本身存在的问题，如究竟是什么导致了自己与他人的差距？当我们开始思考、反思时，很多平常被忽略的因素，如坏习惯等就会进入意识的观察范围。

通常而言，我们能很容易的找到几个阻碍自己提高的坏习惯，以及一些有助于自己成功的好习惯。不过，我们若因此而觉得所有阻碍自己成功的坏习惯都是显而易见的话那就大错特错了。实际上，很多时候我们对自己并不是足够的了解，对自己的一些坏习惯也可能认识不足。

就像有的时候我们会把自己想像得很好，以为自己是一个十分了不起的人，如能力强、富有远见、善与人沟通等等，但在别人眼中也许会得到截然相反的判定。我们想像中的自己也许并不是真正的自己。

有一位女士，她是一家公司的高级销售经理。在她的认识中，自己应该是一个十分受下属爱戴的经理。但事实却恰恰相反。在下属看来，她的控制欲太强了，常因此而暗中抱怨她，甚至还给她取了个"控制狂"的绰号。

所以，意识到坏习惯的存在，是改掉坏习惯的第一步。

保罗·盖蒂是美国的石油大亨，也曾经是个大烟鬼。在一次度假中，他开车外出，恰逢天降大雨，他就在一个小城的旅馆中停了下来。吃过晚饭，疲劳的他很快就进入了梦乡。

大约清晨两点钟，他从睡梦中醒来，多年养成的习惯使得他此刻很想抽一根烟。于是他打开了灯，伸手去抓桌上的烟盒，不料里面却是空的。然后他下了床，在口袋中搜索了一阵，结果一无所获。接着他又搜索行李，结果他又一次失望了。他知道此刻旅馆的餐厅、酒吧早已关门是买不到烟的，若想吸烟的话就必须到几条街外的火车站去买。

有烟瘾的人都知道，烟瘾上来的时候越是没有烟，想抽的欲望就会越大。无奈之下，盖蒂脱下睡衣，换好了出门的衣服准备去买烟，就在他伸手去拿雨衣的时候，他突然愣住了。他问自己：我这是在干什么？为了一包烟竟要在三更半夜离开旅馆，冒着大雨走过几条街，难道这一切仅仅是为了能抽到一支烟？这真是一件很荒唐的事情！想到这儿，盖蒂马上下了决定，他把那个空烟盒揉成一团扔进了纸篓，脱下衣服换上睡衣回到了床上，带着一种解脱甚至是胜利的感觉，几分钟就进入了梦乡。从那以后，保罗·盖蒂再也没有抽过香烟。

每个人都会有一些坏习惯，能否改正也就是卓越和平庸之间的分界线。改变坏习惯的关键，就在于有意识地与潜意识沟通交流，然后再对它进行必要的校正，这样一来坏习惯就可以被新的好习惯所取代了。研究发现，人为地给自己设定一个结果，意识就会对坏习惯产生警惕，从而帮助于你跳出某些已经形成的坏习惯。

改掉坏习惯需要充分利用好目标所具有的积极力量。无数的研究结果一致表明，那些坚持为自己设定目标的人，比那些从不设定目标的人更容易获得成功。所以，有效设定目标将有助于我们改掉坏习惯，而制订计划则可以提高我们改变坏习惯的成功率。

那些成功人士之所以能够成功，绝不是偶然的幸运，他们更多的是依靠持续的、有目的性的计划，依靠于他们把有助于成功所必需的好习惯坚持下来。

成功说难很难，说简单其实也很简单，对于那些真正的成功者来说，他们不过是养成了一些良好的习惯而已。然而恰是这些习惯，不仅影响了他们的行动，也通过他们的行动让他们有机会获得更多的知识，进而变得更有毅力，沟通更有效果、工作更有效率。

闭上眼睛想一想，自己都有哪些坏习惯，同时再想一想，自己还想拥有哪些好习惯？好习惯很多且不分大小，只要我们把它们培养出来了，就是件非常好的、有益的事情了。

我们不妨把自己的不良习惯逐一列出，然后再有的放矢地让好习惯取代清单中的每一项"恶习"。坏习惯改掉了，好习惯养成了，那么我们离成功也就很近了。

忍耐，
练就不凡品质

　　机遇是一个人成功必不可少的前提，一个意料之外的 5 分钟就可能改变一个人的命运。当机遇没有来临时，抱怨、焦躁、心急不能解决任何问题，反而还会把你带进消极、悲观之中。忍耐是一种优秀品质，如果一个人懂得在默默忍耐中时刻准备着，当机遇来了，他抓住了也就成功了。

　　往往弱者容易满足于现状，要知道他们想在平凡的工作中一下子脱颖而出是不可能的。环境会影响人的性格，一如果个人在弱势状态沉默久了，也就会适应现实中所发生的一切。

　　有的时候，我们眼前所发生的一切并非都是事实的真相，我们目前所具有的现状也并不一定就是最适合自己的处境。对于弱者来说，他们身上并不是没有强者所具有的有关成功的特质，其实，一切特质都是适应环境的结果。一项研究发现，人体中蕴藏着许许多多我们自己都不知道的巨大潜能，然而生活环境会使自身的许多潜能潜藏起来。

　　我们都知道，跳蚤是当之无愧的跳高世界冠军，它跳的高度是其身高的100多倍。然而，如果它的生存环境稍稍改变，就会发生意料的之外的变化。

　　研究人员曾经做过这样一个实验：把一个跳蚤放进一个普通玻璃杯中，它可以轻而易举地跳出来。重复几次，结果仍是一样。接下来，实验者再次把这些跳蚤放进杯子里，只不过这次是立刻在杯子上加一个玻璃盖，"嘣"的一声，跳蚤重重地撞在玻璃盖上。

　　尽管跳蚤十分困惑，但是它却没有停下来，因为跳蚤的生活方式就是"跳"。一次次的被撞，跳蚤开始变得聪明起来了，它们开始根据盖子的高度来调整自己跳的高度。过了一段时间，研究人员发现这些跳蚤再也没有撞击到这个盖子，而是在盖子下面自由地跳动。

当实验人员把这个盖子轻轻拿掉后，跳蚤仍是在原来的这个高度继续跳。几天后，研究人员发现这些跳蚤已经跳不出杯子了。

那些跳蚤在潜意识里认为自己能够超越的高度是不可能超过瓶口。其实许多人也像那些跳蚤一样，尤其是那些生活中的弱者，他们总是把自己的现状当作理所当然。消极的人之所以很难超越自己，多数情况下是由于他们对现状默认的消极立场造成的。

也许我们从来就没能够认识到一个更强大的自己，也许我们已经默默习惯了自己所面对的一切。为什么不能调整自己，让自己更积极些呢？我们没有必要为自己树立一个远大的目标，也没有期待自己能有脱胎换骨的变化，只需要我们用积极的心态面对自己的现状，天天改善一点点，天天提高一点点就可以了。

其实无论对谁来说，这件事并不难。

粗略来看，忍耐似乎是积极心态的大敌。也有人说，忍耐是心灵的炼狱，不在忍耐中爆发，就会在忍耐中堕落。而对于弱者来说，忍耐简直让身心受折磨。忍耐一、两天还能够承受，但时间一长，忍耐就像漫漫长夜一样无边无际。

忍耐可以让一个人练就的不凡品质，条件是我们必须让自己的心态变得积极。

消极忍耐方式肯定会使弱者变得更弱，以致弱不禁风。用消极的方式忍耐的人，即便有机会迎面而来，他们也会视而不见。他们会想，谁能保证那不是命运之神跟自己开的玩笑呢？而对于积极忍耐者来说，即使是取得一点点小小的成绩，他也会欢欣鼓舞。他会默默鼓励自己说，我能行，我一定还会做得更好。于是，他们由此开始变得更加勤奋、认真、努力，日子也开始充满阳光了。

其实勤奋、机遇和成功是紧密相关的，著名的美国哈佛大学校训作了精辟的解释：时刻预备着，当机会来临时你就成功了。对于弱者来说，能让他抓住属于他的那个机会并走向成功的，恰是他的心态，即在弱势中积极忍耐，并蓄势待发。因此，偶然的机会只属于那些勤奋工作的人。

大处着眼，小处着手

俗话说，百尺之台，起于垒土；千里之堤，溃于蚁穴。所以，根除坏习惯也不应操之过急。一步一步走，漫漫长路有尽头；一针一针缝，破烂衣衫变天衣；一砖一瓦垒，铜墙铁壁耸云霄；一片一片积，万丈云层高似山。要想改掉坏习惯，培养好习惯，就必须大处着眼，小处着手。

小毛病的不断重复积累是养成坏习惯的泥土，如果想将其改掉，也必须从小处着手，一点一点，不断重复，日积月累。正可谓：以彼之道还之彼身。

但事实往往并不像我们想像的那么简单，在我国很多人的思维意识中，都有想做大事不屑做小事的想法。修身齐家治国平天下，成大事者落拓不羁。有不少人只想着这么样才能成就一番大事业，却不愿意或者不屑于做小事。但到头来，却往往是大事没做成，小事没干好。

老子有一句话是："天下大事必做于细。"他认为，任何大事都是从小事开始的。正所谓：不积跬步，无以至千里。在《细节决定成败》一书中，汪中求先生也告诉读者："芸芸众生能做大事的其实太少，大多数人在大多数情况下，只能做一些细小的事、琐碎的事、单调的事。也许过于平淡，也许鸡毛蒜皮，但这就是工作，就是生活，但这些小事往往正是成就大事的不可缺少的基础。"

千里之堤，溃于蚁穴。很多坏习惯的养成都是从一些被我们忽视的小事开始的，正是这些小事让我们一点点的养成了各种各样的坏习惯。不过很多时候，我们都是对其视而不见，总是觉得那只不过是一件小事，不会给自己造成太大的影响。

因为不够重视，所以，你忽视了它，但它却从没有停止对你的腐蚀。

孔子曰："人非圣贤，孰能无过？"可惜，我们常常忘记了后面一句：过而能改，善莫大焉。当然我们每个人都免不了会犯这样那样的错，但只要自己及时改正了小错就不会酿成大错。但如果自己知错不改，一犯再犯，那么就算是一点鸡毛蒜皮的小事也会给你带来巨大的危机。

电视连续剧《暗算》讲述的是一个发生在神秘大院701的故事。701是国家的一个高度秘密机构，他们的主要工作就是破译，捕获像风一样的电波，解出比看到风还难的敌方密电。这简直是一个无法完成的任务，然而他们却一次又一次地创造了奇迹。

他们凭借的是什么呢？除了自己的艰辛和努力外，很多时候靠的就是对方不经意间留下的蛛丝马迹。而那些所谓的蛛丝马迹则只是敌方的一些小毛病、坏习惯留下的微妙信息。如阿炳找对对方地台靠的就是对方发报员的不良习惯。

那些所谓的坏习惯在平常人的眼中可以说是无法避免的，如发报时击打键盘每个发报员都会有自己的习惯，哪个发报员打哪两个字母时容易犯错，哪个发报员以哪个字母结尾时会不经意地延长击打时间等都会有细微的疏忽。然而恰是因为这些细微的疏忽，才让他们的阴谋没有得逞。

忽视身边的小事给自己造成的影响是坏习惯赖以生存、发展的根源。只有当坏习惯让我们陷入危机，给生活带来很大的麻烦时，我们才会幡然悔悟。

坏习惯是忽视小事惹的祸。与日本员工认真、仔细比较起来，中国员工有大而化之、随便勉强的坏毛病。生活中，"差不多"先生比比皆是，似乎、几乎、好像、将近、大约、大体、大致、大概等等模棱两可的词语都是中国员工最喜欢说的。

在对小事的态度这一方面，海尔总裁张瑞敏先生举了一个例子：假如让一个日本员工每天擦六次桌子，那么日本员工会不折不扣地执行，每天都会坚持擦六次；可是如果让一个中国员工去做同样的事情，那么他在第一天可能擦六次，第二天可能擦六次，但到了第三天，可能就只会擦五次、四次、三次，甚至到以后，每天能保证擦一次就很不错了。

由此可见，所有坏习惯的都是从点滴的小事中养成的，要想将坏习惯改掉，也必须从小事着手。不要觉得事情太小、太容易了就不好好去做。要知道把它们做好并不像你想像中的那么简单。把每一件简单的事都做好就是不简单；把每一件平凡的事都做好就是不平凡。

当我们想要改掉一个坏习惯时，不仅要下定决心，集中精力，更要能从小事着手，并逐渐累积力量，那么改掉坏习惯将变得非常容易。

现在我们知道，累积具有巨大的威力，坏习惯的养成靠它，好习惯的养成也靠它。当我们想用一个好的习惯将坏习惯替代时，累积的作用是不容忽视的。

在坏习惯中
学会自省

　　坏习惯不是一天养成的，它的消极影响也是在不知不觉中逐渐发挥作用的。当有一天我们因它而陷入生活的泥潭或对自己的某个行为产生质疑时，我们就会对习惯这个词产生警惕，并对自己其他行为进行反思，对拥有一个好习惯产生强烈的渴望。

　　习惯不管是好的还是坏的，一旦养成，我们都会对它产生强烈的依赖。就如英国思想家培根所说："习惯真是一种顽强而巨大的力量，它甚至可以主宰人生。"

　　很多时候，我们发现自己的行为与心中的愿望总是脱轨，甚至背道而驰。我们清楚自己想要的是什么，也知道应该做什么怎么去做。但事实又是如何呢？我们的生活并没有因此有所改观，人生轨迹也没有因此而改变，哪怕只是一点点。

　　我们能感觉到自己好像被一条无形的链子束缚住了，总是情不自禁地做一些令自己都感到莫名其妙的事情。我们一边让自己沉溺于成功和优秀的幻想中，一边又情不自禁地重复着往日的单调而毫无意义的行为。那么究竟是什么力量在支配着自己？

　　现在我们知道，其实这一切都是习惯在作祟。请看看"习惯"的故弄玄虚和自鸣得意：

　　你猜我是谁？

　　不管你愿不愿意，我都将是你的终身伴侣，我可以是你最好的帮手，也可能成为你最大的负担。

　　我可以推着你前进，也可以拖累你直至失败。

　　我完全听命于你，但你做的事情中，也会有一半要交给我，因为，我总是能快速而准确地完成任务。

我很容易管理——只要你严加管教。请正确地告诉我你想要如何去做，几回实践之后，我便会自动自发的完成任务。

我是所有伟人们的奴仆，唉，我同时也是所有失败者的帮凶。伟人之所以伟大，得益于我的大力相助，失败者之所以失败，我的罪责同样不可推卸。

我不是机器，但我能像机器那样精确的工作，除此之外，我还具备人的聪明。你可以利用我获取财富，也可能因为我而遭到毁灭——对于我而言，二者毫无区别。

捉住我、培养我、对我严格管教吧，这样的话，我将会把整个世界呈现在你的脚下。但千万别放纵我，那样，我的能力也会将你毁灭。

我是谁？

我就是习惯。

它的话虽然有些自命不凡，但却绝没有危言耸听。人是一种习惯性动物，我们的很多行为都要服从习惯的调遣。有调查表明，人们日常行动的90%竟然都是源自于习惯。

我们生活中积累的坏习惯就像一条锁链，紧紧地束缚着我们，而打开这条链子的钥匙就在我们自己手中。不管好习惯还是坏习惯，它的养成只需要21天的时间，我们可以用21天养成一个坏习惯，也可以在21天中用一个好习惯将坏习惯替代。

某个动作，某种行为，多次重复，就能进入人的潜意识，变成习惯性的动作。知识积累，极限突破等，都是习惯性动作，行为不断重复的结果。只要我们有意识地去改变我们的坏习惯，坚持我们的好习惯，并使之植根于我们的潜意识，便会有效地改变我们人生，使我们通向成功之路。

然而，一直以来我们都没有把习惯当回事，更没有认识到习惯所储藏的巨大力量。对那些获得成功的人来说，他们往往会将成功秘诀归功于自己坚强不屈的意志，吃苦耐劳的精神，甚至有人认为是自己先天所具有的聪明才智。他们总是对好习惯的作用视而不见，或忽略了它强大的力量。于是，习惯成了一个无名英雄，默默无声地藏在幕后。

对那些深陷生活泥潭的人来说，也很少将责任归咎于自己的坏习惯。在他们看来，逆境局面的形成应该是方法错误、或是出于自己的麻痹大意与坏习惯无关。然而我们一旦放纵了坏习惯，它就会软土深掘，显示出更大的破坏力。正如它自己所说："千万别放纵我，那样，我会将你毁灭。"

通常情况下，我们会对自己的坏习惯产生反思，但却很难对好习惯的作用给予充分的认定。而当一个人熟悉到坏习惯的巨大力量时，就会对好习惯产生足够的重视，并对好习惯的养成充满强烈渴想。他会把成功所必需的好习惯都坚持下来，会关注生活中每一件小事对习惯的影响。

所以，我们要感谢那些坏习惯，是它让我们产生了警觉，认清了习惯的力量，并让我们最终养成了很多好习惯。

学会经营快乐，
学会自我修复

———— ● ————

9

　　很多人都说，人活着真是太苦了，终日忙忙碌碌，为了生活四处奔波。日复一日干着一份自己不喜欢的工作，仅仅是为了获得养活自己的薪水……但是很快，你会被现在的工作困扰，没有快乐。其实，我们没必要这么为难自己，完全可以活得很开心。但问题的关键是，如何找到并保持自己的快乐？

其实你可以不用活得那么辛苦

"吃得苦中苦，方为人上人。"

这句话令人动容。但是，在吃苦之前，先要确定自己吃对苦、耐对劳，免得一生辛苦仍换得一世艰辛。

有这么一个故事、一个勤劳本分的男人，在公司里踏踏实实地工作了几十年，把自己的精力全部投入到了他的工作中。可是，谁能想到，遇到了经济不景气的时候，他却是第一个被辞掉的员工。他想不明白，"自己付出了这么多，本以为可以顺利地退休，为什么在将要退休的年龄又要面对找工作的困扰？"这个人被辞退是什么原因造成的呢，经济不景气还是自己不努力？两者都不是，虽然经济的不景气是其中之一，但这不是主要原因，因为，即使公司把所有的员工都辞退，仅仅保留一个人，那么被保留的人为什么不是他呢？

"吃得苦中苦，方为人上人。"老辈们的至理名言为何在这里就失灵了呢？其实这句话也并不是说吃得苦中苦，就为人上人，而是在说可能为人上人。这里要把可能变成现实，还是需要其他条件的，仅仅吃苦是不够的。那么，还需要什么条件呢？

过去常听长辈说一个人最好的品格就是肯吃苦、能刻苦。

公司招聘，要吃苦刻苦的员工，因为只有肯吃苦、能刻苦的人才有耐心累积自己的实力。

学校招生，要吃苦刻苦的学生，因为只有肯吃苦、能刻苦的学生才有耐力去做好自己的功课，认真地学习。

女人嫁人，要吃苦刻苦的男人，因为只有肯吃苦、能刻苦的男人才够稳当，踏踏实实，白手起家。

男人娶妻，要吃苦刻苦的女人，因为只有肯吃苦、能刻苦的女人才够贤慧，愿意为全家人付出。

刻苦是耐力，而不是智力，现代人需要的不是动物式的体力和耐力，而是创意。创意是一种能力，来自高超的智慧，不变的动物式的耐力不能产生创意，而只能执行创意。创意就像建筑师，而执行就是建筑工人，建筑工人的活，机器就可以代替，可是建筑师的脑袋，机器是望尘莫及的。社会的进步不是靠体力的推动，而是靠脑力。

吃苦耐劳就是朝九晚五，循规蹈矩。眼光独到、有创意的人敢于向现有的说Goodbye，你敢吗？我身边有两个朋友，他们敢，他们也这样做了。

一个是在翻译界已经小有名头的人物，工作、生活都红红火火，在十年前他还是一个靠一份吃不饱饿不死的薪水度日。穷则思变，经过一番思考，他重新设计自己的人生道路，决定利用自己的语言文字特长，开始自学翻译。几年后，他翻译出了几本书，并且靠这几本书的翻译质量在出版界崭露头角，于是跟他之前的工作说了Goodbye，然后专职翻译。现在，不必朝九晚五，不必循规蹈矩，不仅自由时间多了，而且收入也是以前的数倍。曾经跟他聊起他的过去和现在，他总结了一句话："不要只懂得吃苦，更要懂得规划，以有限的投资赚取最大的报酬，因为你没有太多的时间和精力去吃苦刻苦。"现在想起，实在值得我细细揣摩。

这位朋友的例子让我想到的是思变，思变则会变，我这个朋友他变了。另一个朋友也是思变，只是与上面这位有些不同，下面这位朋友大学毕业后应聘做了文秘，但是文秘并不是她喜欢的工作，电脑编程才是她感兴趣的。于是想方设法进入了一家公司的电脑部，正式进入编程的行列。由于自己爱好，做起来轻松自在，乐在其中，不仅可以既快又好地完成自己的本职工作，而且余出很多时间，利用这些时间她培养出了另一种能力，也是翻译：为杂志社翻译日文和英文文章。

多尝试新的工作并不糟糕，不要以为换工作只有被迫的，主动地换工作才能体现出自己的追求。抱住一份薪水不放，委屈自己，那才是最糟糕的事情，不仅是事情的糟糕，而是人生的糟糕。假如你现在的工作仅仅是为了获得养活自己的薪水，你会被现在的工作困扰，没有快乐，只有快乐的反面。

工作的目的不是为了让钱包鼓起来，志气是很贵重的东西，不要让不好的环境把它慢慢侵蚀掉。

当然，在刚开始改变的时候，新工作的起薪也许低了，不过，只要是自己喜欢的，而且能因此发掘出自己的潜力，不妨耐着性子屈就这份较低的起薪。日后将会发现这些投资绝对值得——也就是说，做这样的改变，远比只是为了让荷包固定有钱而选择吃苦要明智得多。

准确地选择了属于自己的工作，然后和旧识们说Goodbye，把脚踏向新的大路，那里才通向自己的天地。傻傻地吃苦，日子也就傻傻地过去了，命运好的话，也许这辈子平安无事，如果运气不好，年纪一大把时，才又白白生出好多苦来吃。及时思变，先思考自己的道路，然后毅然改变，这才是你人生的起点，别让自己的人生一辈子没有起点。

别让金钱掌控了
你的所有

是你控制金钱还是被金钱控制，这在于金钱对你的吸引力以及你是否看得到金钱以外其他更重要的东西。

人的一生该拥有多少财富才算够？

年轻时她就发誓，将来住房要豪宅，出门要坐名车，穿衣要跟上时尚，对于女人来说不可少的饰品，则更是名牌中的名牌，好像自身的美丽与地位都要用名牌换取。对于食物，那要既补且贵，山珍海味自然是不在话下，起居要有仆人，要像一个大户人家，子女的教育和未来的人生，只能比自己好，不能比自己差。

转眼间已是人到中年，年轻时所希望得到的东西都有了，豪宅、仆人、轿车、精品、美食、子女已样样不缺——但她仍觉得不够，总希望所有的东西都能更气派、更华丽。为此，她一方面积极投资，另一方面努力使生活具有更高的品质，并严加管教子女，希望他们好上加好。她将所有的精力都投入到了永远无法满足的欲望中。

终于有一天，她满足了——这个对于她来说似乎是不可能有的结果——可以安枕无忧了，然而，她的恶梦也就此开始了。

她好不容易栽培成的优秀青年——最为重视的儿子，在一次和她大吵一架后洒脱地将门一摔，两手空空地离开，从此再没他的音讯。最宠爱的小女儿考进了大学，却执意不选她给规划好的音乐系，反而读了中文系，这在她看来可是最没出息的。从此，女儿整天把自己关在房里写文章，开始了自己的作家之梦。

对于女儿，这并不是让她最伤心的，更伤心的是，女儿毕业后选择了独立生存，不再用她一分钱，而看着子女们开心地花费她赚来的钱是她最大的乐趣。女儿工作后赚了钱就邀朋友外出旅游，却从没有邀请过她。即使回到家，也是把自己关进房里，虽然同住一个屋檐下，却如同陌生人，和离家出走的儿子并没有什么两样。她开始觉得自己不是住在温馨的家里，而是住在高级精美的真空罐里。

几年后的某个夜晚，她像往常一样自己坐在大而空旷的客厅里，女儿一如往常地晚归，有所不同的是，今晚女儿主动和她说话了，不过口气很淡，而内容更是让她感到惊讶，"我要在6月份结婚。"这句平淡的话让她不知所措，她第一次确定自己在子女面前的母亲地位已经丢失了，因为在这之前，她连女儿交了男朋友的事情不知道。

她开始追问一切心中的谜团，而这些谜团在心中纠结得让她喘不过气。经过再三追问，一直沉默的女儿才冷漠地回答："反正不会合你的意，是个穷小子。你不要教我怎么做，我知道我在做什么，不管你怎么想，同意不同意，6月份我都会结婚。"

她不愿女儿吃和她一样的苦，就劝女儿打消嫁给那个穷小子的动机，甚至不惜威胁：假如你不听话，我不会给你办一场豪华体面的婚礼。

听完她的话，女儿回到房间拿出空缺的结婚证书，在她眼前展开："请告诉我，除了这张纸，外加一点公证费，结婚还需要什么？"

她支吾半天，找不到反驳女儿的一句话。女儿却不依不饶，指着她身上所有昂贵的行头，从头到脚一件一件地数，包括屋里大大小小她引以为豪的摆设和车房里人人称羡的几辆进口名车："没有这些，日子会过不下去吗？我情愿不要这些，换回你更多的在家时间，换回你……曾经好好看我一眼……"

这是女儿结婚前对她说的最后几句话。她再看见女儿时，女儿已是披着婚纱为人妻的新娘子了。从此，她们之间的间隔继续无止境地扩大。

我们很容易将工作视为换取金钱的手段，然后不计代价地投入工作，再将赚到的钱拿来满足生活所需——这原本是很单纯的生活方式。然而，当我们剥夺太多的单纯与平实，以过多的奢华来装饰时，就得牺牲我们生命中重要的东西去填补，而牺牲的这些往往是我们亲情、友情、爱情，很多时候甚至要抛弃自我。

独立是自由的基础

在现代生活中，人被高度社会化，不再独立生活，在生活中，人与人之间相互依赖似乎是天经地义的。可是，殊不知相互依靠多半会沦为相互控制。

在这样高度社会化的人类生活中，独立的代价在短时间看似惨痛，长期来看却是自主、安闲的不二法门。

一个男生打了越洋电话给自己喜欢的女生，讲了两三个小时的电话后，女生问男生：“越洋电话讲这么久，不浪费钱吗？”

“没事的，”电话那头传来男生的几声大笑，“电话费我老爸会付。”

“没事的，我老爸会付电话费。”打完电话女生挂上听筒，重复着男生的这句话，接着说，“你老爸能给你付多久呢，一辈子吗？让他父母出钱送他来念书，却不懂得节俭，花父母的钱似乎是天经地义的。想追我，我看要等下辈子了，依赖父母还不知感恩的寄生虫。”

这个男生或许觉得仗着自己老爸是有钱人，抢着争取得到他的青睐的女孩子不知道有多少，便以为可以用钱追到任何一位自己喜欢的女生，可是他不知道，这个他苦苦追求的女生，知道他的为人，反而不再对他感兴趣了。

原来，这个男生的家境富裕，从小到大，一直以来是父母为他准备好一切，他自己不必操心任何事。俗话说，“拿人的手短，吃人的嘴软”，一直被父母供养，也就一直没有发言权和自主权。大学里要念什么科系，教育达到什么程度，从事什么行业，都由他的父母决定。

“以前隔壁有对卖面线的老夫妻就养了这么一个宝贝儿子。”她说，“父母连他娶什么样的妻子，婚后住在哪里，每个月交多少钱回家，什么时候生孩子，生几个都给计划得清清楚楚。这儿子从小衣来伸手，饭来张口，没有任何能力来养活自己。年前突发奇想，说要做生意，一年不到就赔了，而赔掉的钱还要靠老父母卖面线偿还。"一个以父母的钱为生，却不理解父母的辛苦，也不懂得为自己未来做打算的人，是没有任何地方值得别人信赖的。

有的人却完全不同，她看到楼下邻居家的男孩正好放学回家，便指着他说："他叫约翰，刚满20岁，昨天刚存够钱买了辆二手车，还开心地跑来和我炫耀呢。"

"约翰上学前就开始跟着爸爸修车，两年前向父母宣布独立，自己靠课余时间打零工赚取生活费，而学费还得靠父母。庆幸的是，他的成绩很好，上学期申请到了全额奖学金，这样一来，他的学费也解决了，现在自己还买了一辆二手车。他成熟，有主见，父母也非常尊重他，只要是他做出的决定，父母都会无条件的支持。"

听了这位女士的话，不禁让人感触：前后两个男生为何有这么大的差距。

随着生活水平的提高以及夫妻对个人生活生计的正视，相比从前，越来越多的家庭更富裕了，不过现在的家庭只愿意养育一个孩子。仅仅为了照顾一两个子女而留在家里太不经济，大多的家庭选择工作，孩子则找保姆照顾，孩子便缺少了母爱和父爱，至少是减少了。这样，父母们就觉得亏欠了孩子，会在孩子的其他方面作出补偿，来弥补对他们的照顾不周，以至于对孩子的所有要求都通通接受，这就造成了现代的多数年轻人都在受保护与宠爱的环境中长大。这样做有利也有弊：利处是孩子们只需要专注学习与成长，不必面对生活中的琐碎；弊处是他们不知人间疾苦，似乎是不食人间烟火，视父母所给的一切为应该的。

由于受西方文化的影响，当下这一代人之中也有很多人因为独立意识的增强，开始急于脱离对父母的依赖，想和"外国孩子"一样过着自由自在的生活。殊不知"外国孩子"之所以能和父母平起平坐，完全独立，是因为整个文化环境的要求，生存环境要求年轻人独立自主。

在美国，学生半工半读，甚至为赚取学费而休学，直到存够钱才念书，或是成家立业之后再读书深造，这些都是极为普遍的现象——自由自在，是要付出代价的，那要靠自己的努力去换取。

在台湾，许多家庭花钱送自己的孩子远涉重洋到国外留学，因为怕孩子的学习跟不上进度，父母们要求孩子不要打工、不要贪玩，更不要谈恋爱——只希望他们的孩子每日里关在房里学习。

实际上，多数年轻人的行为与他们父母的要求刚好相反，尽管父母们一再敦促，他们仍然到外面游戏作乐，成绩也毫无起色，身在台湾的父母却鞭长莫及。父母们常常是发了疯似的到处打电话拜托熟人帮忙督促自己的孩子。督促得紧了，本就叛逆的年轻人就会觉得烦了，觉得自己被控制了，自由没了，便郑重其事地告诉自己的父母："请你们尊重我的自由，我不再是个小孩子了，要过自己的生活！"

我始终在想：一个既没有生活经验，又没有生活技能的人，要如何在现实社会中生存呢？

保护，仅仅靠社会中的道德和法律，似乎就可以了，如果再加入亲情所给予的无数的金钱，这就不再是保护，而是给孩子垒砌了一个圈，孩子的自由尽失。最大的问题是，孩子没有在社会中生存的经验，自己有多大的潜力也不能被认识。

也许你会问：有人为你切好了一块肉，正打算送到你的嘴边，你会拒绝这块肉，然后亲自去赚钱买肉吃？更何况，这肉不是来自别人，而是自己的父母。从小养到大，已经吃了这么多切好的送到嘴边的肉，而这就是依赖。

让人不解地是，许多人并不看好独立，并不认为是自由，而认为自由是另一种形式的束缚，殊不知它才是能让人自由自在的基础。你若真的赚到了钱，不一定只去买块肉，自己拿着钱可以自由的买食物的时候，你看到的不仅仅只有肉，最好吃的也不仅仅只是肉，好吃的东西实在还有很多。

有目标的人生更快乐

人的一生不是总一成不变的，既成的生活不一定能保持一辈子。也许会有那么一天，躺在海底的鱼会发现哪里有些不对劲儿，游到亮一点的地方，才发现自己不是一条比目鱼，而是一条鳟鱼——一条已经变老、身上再没有光泽的鳟鱼，而之前一直以为自己是条比目鱼。

几年前，我认识了一位母亲，那时恰是她人生中最为失意的时候。

当时这位母亲已经结婚几年了，两个孩子在读小学，她丈夫是个普通的上班族，由于要照顾孩子，她一直都是在家里当做家庭主妇。

这位母亲的生活很平淡，她丈夫当初就是看上她守得住这份平淡才娶了她。她也没有辜负丈夫的期望，将家里打点得很好，做丈夫的贤内助，一直在后面默默地支持丈夫的事业。

一个周末，她闲来无事，正好孩子们也不需要去学校，便带着孩子们去逛街，恰巧碰到谎称加班的丈夫，怀里正搂着一位年轻漂亮的少女，在大街上卿卿我我。那时她才知道，她所要平淡的幸福丈夫并没有给她，那是她自认为的幸福。

当时她并没有说什么，也没有上去和丈夫打招呼，只是拽着孩子悄悄走开了。"生活本就平淡，要生活的人为何耐不住这份平淡呢？自己辛苦经营着的家庭随时都可能破裂。"她边走边想。

回到家里，她的心情渐渐回复过来。仔细分析当时的心情时，竟意外地发现，除了被背叛的愤怒，还有一丝轻松的感觉，她对这感觉十分纳闷。当天，丈夫深夜才回家，她只是安静地躺在床上，像往常一样说了一些关心的话，而对今天看到的事情只字未提。

这一晚，她想了很多。

她是个简单的女人，是个没有过多奢求的妻子，对生活的一切她都能接受。她自认是个再平凡不过的女人，不奢求什么，只想要拥有一个简单幸福的家庭生活，为什么这样一个小愿望都无法实现？

当自问为什么感觉轻松时，她有种预感，预感着丈夫外面有情人，只是无法证实，现在终于水落石出了，有了结果，不管怎样的结果，总会给人一种轻松感。他们夫妻之间的感情一直淡如白开水，每天的生活都像在套公式，别说本不能承受单调的丈夫受不了，连她自己也快受不了了。但是，这又能怪谁呢？

第二天，她送孩子去上学后就回娘家去散心。

回到娘家，进入熟悉的房间，顿生许多感慨。吃饭的时候，一家人老老小小聚在一起，天南地北地聊，话题很少离开过吃喝玩乐、左邻右舍、社会版头条新闻，还有对人生的种种不满。

以前，这些对她来说都是温馨的画面，那天却让她纳闷起来——为什么这一切从未改变？面前的这些人始终在担心着同样的问题：今天要吃什么？明天做什么？后天谈什么？

家人聊天时，大家又挑起她小时候的糗事来取乐，说她如何如何地爱做计划，有周计划、月计划、年计划，而且年年翻新，月月不同，日日各异，不过，只是看到她的计划表，没有看到计划表里计划好的结果。高中毕业后，家里聊天的话题变了，所有话题差不多都是绕着重考和工作在打转，这也是亲戚们很爱翻出来取乐的。

"去看书！"他们学她母亲的口吻说。

"哎哟，看过了呀——"母亲最爱形容她如何嘟起嘴来诉苦，其他人也学会她说话的口气了："看了足足两个小时，累死了。"

"你太懒了，怎么会有大学要你呢？稍微勤快点儿，就不至于像现在这样。去工作吧！"母亲装模作样地增补着。

"什么工作适合不想念书的懒人？"

大家笑成一团："有啦，有啦，月入数十万，轻松不流汗！"连开的玩笑也都是重复着以前说过的话。

现在回想起那段时光，虽然精神上有些苦闷，但是家庭给予的温暖足以抵消学业和工作带来的苦闷，只要装出一副受伤害的形象，就不会有人再嘲笑她，如果有人敢冒这个天下之大不韪，就会招来大家的一致责备。

她也出去认真找过工作，不过都觉得太累，又回家待起来了。

"现在社会上神经病多得去了……她年纪这么小，再加上是个女孩子，工作中就很容易被别人欺负，要是念书就好了。"母亲说。

"念了书还不是在家里带孩子，专心专意做家庭主妇？反正老公也不错嘛，在家里当少奶奶不也很好？"

她听着大家谈论自己已经逝去的幸福，不再是温馨感，而是有些尴尬。她自己知道，只要她再扮一次弱者，所有的人还是都会为她打抱不平，但她没有。

生活如此，且无止境地轮回，时间，更是时不我待，转眼即逝。只要她再次决定沉溺于这个轮回，再过几十年，她的后半辈子也不外是添到别人茶余饭后的笑料。

快40岁了她才发现自己一直在随波逐流，也就在这一天，她看到了自己其实不是一条比目鱼，而是一条鳟鱼。

曾有人拿鳟鱼和比目鱼比喻主动与被动。主动的人主导生活的发展，被动的人漫无目的地等待生活发生在自己身上。

鳟鱼力争上游，为着理想而努力；比目鱼则每天赖在深海底，随波逐流，等着上层水面掉下来浮游生物，然后捡来填饱肚子。

我们身旁有很多鳟鱼，也有很多比目鱼。无论是属于哪种鱼，生活总得继续。

当你改变现在的生活，改变自己，让属于自己的一切变得更精彩时，也许会有比目鱼劝你："不要想太多啦，单纯一点也活得下去。追求越多，烦恼就越多，生活不就是图个快乐幸福吗，只要有颗自足的心。"于是，许多不知名的鱼也会加入这种浊流，徐徐埋入深海里不再去想更好的生活，也懒得去改变自己了。

要浪费生命，实在很容易。时间对于比目鱼来说，那是多得是，只要把时间看成一剂良药，所有一切都会过去。

[珍惜
你的朋友]

世界这样大，两个本来陌生的人能相遇，并成为朋友，是前世修得的缘分。做个比喻，假如一个人是一个圆，两个人是两个圆，那么，成为朋友的两个人就有同属于两个圆的交集，而交集就是友谊。即使产生了交集，若疏于经营，还是会失去这个交集。

有一位在国外留学的朋友，他并不是一个安静的人，也不是不喜欢与人交往，和他接触过的人都很喜欢他，碰面时也很热情。不过，有件事情让他觉得纳闷：热情老是如火花般一擦而逝，彼此双方热情过后，一方像是返回空中的飞鸟，另一方像是没入海底的鱼儿，经常就这么失去了交集。

看到很多人出去时有玩伴，心情坏时有听众，遇到困难时有人同舟共济，惟独他自己常是独自一人面临一切，便心生疑惑。

"是我不够好吗？为什么某某某就会有那么多朋友关心，而我老是孤单一人？"

他常会问："我也有许多谈得来的朋友，不过他们仅是一时的热情，寒暄过后，又是一个人寂寞。"

巧合地是，他所羡慕的那位某某某几天后就搬到他公寓的一楼，和他做了邻居。第一天他下楼看见了那位朋友，她是大学里的女同学。

"最近好吗？"女同学主动打招呼。

他趁机对留学生活的孤单和自己面临的各种压力向她倾诉殆尽，她边听边微笑着，并没有和他一同抱怨，虽然他知道这些是她也有的问题。

当她离开时，给了他一些鼓励的话。这次谈话让他觉得很开心，觉得今天聊得不错，可是以后呢，大概一阵寒暄过后还是各人自扫门前雪，不管他人瓦上霜。

没有想到，周末那天，她打电话说要请他一起吃晚饭，他接到邀请，感到很高兴，便匆忙下楼去赴约。

一进门，就看到五六位同学正围在桌子前包水饺，他加入了进去，那天他们聊得很尽兴。

第二天他经过她的家门时，看见她从家里端出一锅汤。经过询问得知，原来有个同学生病了，她煲了一锅汤，正打算送去，他表示愿意和她一块去看望那位同学，两人便同往了。

隔几天，有人感情失意，又见她匆匆忙忙地跑去安慰那个人；接下来是有人过生日、有人生病、有人需要带小孩、有人作业没人帮……如果有谁很久没联系过了，她会专门跑去拜访一趟。

有个星期天，一整天都没见她出门。他觉得奇怪，就去看个究竟，便敲她家的门。过了好一会儿，她满脸病容地出来开门。原来她生病了，他马上送她去看了医生，到药店买好药，打了一些电话通知同学，有人主动说会送来晚餐。接下来的那些天，她得到了同学们的悉心照顾。

她对同学们的所作所为感激不尽："出外靠朋友，一点儿也没错，如果没有你们，我真不知道该怎么办？"

他并不这么认为，心想："不会呀，平时都是你在关心别人，我们不过是回报你而已。"

突然间，他理解了友谊：人与人之间的关系是需要经营的。

世界这样大，能相遇相知是多么难得的缘分，但若疏于经营，感情仍是会淡化，朋友会失去友谊这个交集。

有时候，我们会听到别人说："我一个朋友也没有。"

其实，准确点说应该是："我不知道怎么经营情谊。"

缘分只产生友谊，而友谊的延续需要彼此的精心经营。

缘分能让我们彼此达到某种程度的好感与认知，不过，这种缘分需要用心经营，只有通过经营，才能让友谊更为浓厚。

情谊就像树木，种下了就会生根发芽，季节到了，还会露出花朵的艳丽，果实的清香。然而它仍得靠细心地灌溉与经营才会长大。

给予他人 你真诚的关心

工作中，人应该适应环境，而不是要环境来适应自己。人若不懂得在团队中主动地奉献，而是让团队为了他特别费心去协调，就算他能力再好，也终会变成团队进步的阻力。

有位朋友做电脑工程师，个人能力很强，这也是他被招聘进去的原因。可是，在公司人事缩减时却被裁掉了，他有些摸不着头脑，也很伤心。

"我又没有犯什么过错，"他抱怨着，"经理为什么选择把我裁掉？"

"大概是你哪里做得不够好。"同事A说，"还记得上次经理要你增援那个部门使用电脑的事情吗，经理来找你的时候，你当时不是在做事，而是在玩，也许就是因为那次。"

"什么我没做事？那时大家都没有事情做，我才上一下网的，这样都不行？我不是照样在一旁待命，有人要求做什么，我不也是马上就去？"朋友反驳道。

"就是啊！"同事B附和着说，"经理留下来的另一个工程师，有一天帮另一个部门的人修电脑，电脑不但没修好，反尔彻底报废，经理没裁他，裁的竟然是你，真得搞不明白，也有些说不过去。"

"你是不是得罪过人，也许是别人背后打你小报告。"同事A猜测着。

就这样，他们徒劳无功地讨论了一个多小时，终于，同事A说了一句："哎，不服气你就去问经理。"

"可是，"朋友犹豫了起来，"这样好吗？没看人这样做过……"

"我也觉得没有必要去自取其辱。"同事B附和着说，"裁员还会有什么理由？何必挑明，这只会让自己更尴尬？"

"假如这次真有错，询问后就知道了，下次可以做得更好，不是吗？"同事A说。

朋友回家后，对于同事A的一席话让他思考了很久，终于决定找经理谈一谈。

"我只是想了解一下这次裁员的原因。我知道这次为了精简公司编制，总得有人被裁掉，但我很难把裁员的原因和我的表现联想在一起。"

朋友将在心里排练了好久的话一口气全讲了出来："假如是我自己的问题，您告诉我，我希望有改进的机会，不是说要留在这个岗位赖着不走，我只是不想下次又被糊里糊涂地裁掉，自己仍然不知道原因。"

经理听完他的话，不但没有觉得他的行为令人讨厌，而且竟露出赞许的目光："要是你在这之前就这么主动的话，今天裁的人肯定不会是你。"

这回换朋友愣住了，不知所措地看着经理。

"你的能力很强，在所有工程师里，你的专业水平是数一数二的，也没犯过什么重大过失，唯一的缺点就是自我意识太重。一个团队不能保证每个人的水平都相同。中国有句话，三个臭皮匠，顶个诸葛亮，优秀的团队是合作产生的。假如队友中某个人不懂得主动奉献，不懂得改变自己来适应团队，而是要团队来适应他，就算那个人能力再好，也会变成团队的阻力。"

经理反问道："假如你是我，你会怎么办？"

"但是我并不是难沟通的人啊！"朋友辩解。

"是，没错。在这方面，你将自己和同事相比，以10分为满分，你会给自己几分？"经理问。

"我想我明白了。"朋友说。原来自己不是没有能力，而是太看重自己的能力，忽略了团队的合作。

"你有专业能力为基础，假如你积极热心，懂得借着合作来利用团队的优势，你的贡献和成就会更大。"

朋友虚心接受经理的建议，他非常庆幸自己没有躲在角落里自怨自艾，庆幸自己没去主观地猜测自己被辞掉的原因，也庆幸自己虚心的请教，清楚了自己的不足。

不仅如此，经理很高兴看到他如此诚恳的一面，就亲自打电话介绍他进入了另一个公司，而且比原来的工作更好。

我们经常忘了人与人之间最宝贵的资源就是合作关系——生活的框框告诉我们要保护自己，多做可能多错，热心多会受伤，于是我们宁可自扫门前雪，被动一些，甚至对别人漠不关心。

一个人可以聪明绝顶，能力过人，但是，若不懂得积极热心地培养和谐的合作关系，不论能力有多大，只能事倍功半。

不积极热心的人在团体中只会做被吩咐的工作，愿意付出的人就算能力有限，却能带动团体，集合所有人的能力，使工作加倍顺利地进行。

假如朋友没有去请教经理自己被裁掉的原因，而是躲起来自怨自艾，就不可能通过经理的帮助看到自己的缺点。

庆幸地是，他学会了合作的第一要件：主动关心别人的需求。

当别人感到被关心时也会付出相应的善意，分享自己的资源。

正如朋友的经理愿意介绍我这个朋友到另一个更好的公司，这也是合作的益处之一。

维持良好的合作关系，能助你事半功倍。

$$\left[\begin{array}{c} \text{做自由自在} \\ \text{的自己} \end{array}\right]$$

走自己的路，总会遇到别人的不理解。有时候，人们会因为你在做的事儿嘲笑你。别管他们，走自己的路，你终会用结果去证明他们的嘲笑其实是在证明自己的短视，没有远见。

假如你找到了自己喜欢做的事情，就不要顾及外界舆论。

只要你所做的事是你真心想做的，而且通过自己的努力做成了，你会感觉到：此生无憾了。

不要试图去让每个人都理解你，误解是在所难免的，只是非正常才会被误解，也只有非正常才能创造非一般的成就。

约翰·霍纳（John R.Horner）博士在学校读书的时候，曾经因为成绩差而出名。当时，人们对"阅读障碍"这个名词还没有什么概念，老师们都以为他是故意偷懒或智力有问题。

霍纳从小就对古生物学感兴趣，虽然在学校里他的成绩都很差，但是，只要有时间，他就会到藏书楼里研读古生物学的相关书籍。由于他的阅读障碍，让他对文字的记忆能力几乎是零。所以，从小学到中学，他的各科成绩都是不及格的。

而成绩不及格并不是让他最难过的，他最难过的事情是被大学开除，而开除他的原因仍然是考试成绩不及格。虽然被学校开除，但是他没有放弃学习，继续回学校选修课程，这科不及格就换另一科，直到他把全校所有大学部和研究所的课都修完了，当然，这些课程也都没有及格。整整花了7年，他什么学位也没拿到。

无奈之下，他写求职信给所有古生物博物馆，终于在普林斯顿的一个博物馆找到了工作，同时担任普林斯顿大学古生物部分的恐龙化石治理员。

借着在为普林斯顿大学服务的机会，凭着自己的爱好和古生物方面积累的丰富知识，霍纳终于在古生物研究中取得了成就，成为了古生物界的权威专家，甚至被礼聘到蒙大拿州立大学任教。

后来，就是踢他出门的大学，却决定颁给他荣誉博士的头衔，而且颁发证书的人，正是当年亲自将他踢出校门的教授。

霍纳博士后来还被著名导演史蒂芬·斯皮尔伯格邀请，担任电影《侏罗纪公园》的顾问。在他的指导下，远古的恐龙复活了。

他曾说："我和别人不一样——我的思维方式与一般人不同，因此我也能提出不同的问题，从不同的角度看到别人无法看到的东西。"

凭借自信和对古生物学的坚持，他让自己的缺陷变成了优势。

事物本身没有好与坏，而是利用它的人给了它好坏的界定。处于同一个困境，有人认为这是最终的结果，有人认为这是新的起点，结果的好坏往往在于个人如何去看待它。

有个人整日里愁眉不展，他极有才华，观察能力很强，但他老是不断地抱怨自己命运不好，朋友如何存心陷害他。

他工作经验很少，曾有一两次成为公司的招聘员工，却又会突然辞职，而且辞职的理由也说不出个所以然来。

原来，他是个很怕受伤害的人。

他误以为每个人都瞧不起他、对他很坏。他主观地猜测着身边的每个人，做出每个举动，说的每句话，他都会揣摩其中对他的言外之意，设定身边的每个人都会伤害他，然后努力找各种理由来证明他的设定是多么的正确，多么的合情合理，多么的明智。

他也希望别人能尊重他、喜欢他，但是又不能确定别人是不是会尊重他、喜欢他，而自卑的心理总是给他一个负面的答案：没人会喜欢我，没人愿意和我交朋友，我宁愿什么事都不做也不愿意看到那些虚伪的人。就这样，在遇到机会时，他所看到的只是随之而来需要付出的冒险与代价，因为他觉得他的付出换不来别人的尊重。

很多时候人们选择停留在某处，并非由于那是他们所能有的最佳表现，而是由于那是他们觉得最不费力又安全的所在。

更多人选择尝试，但是，当遇到难题时就不再前进：他们将许多遗憾归咎于不可抗力——可能觉得自己不够智慧，有什么重大缺陷，长得不够好看，钱赚得不够多，父母不够成功，老师太严厉，朋友没有一个真诚，等等。

问题是，无论在什么情况下，总会有成功的人和成功的事，总会有奇迹出现，去挑战人类对自身的认识。

我不敢说"每个人都有能力克服自己的难题"，但我确实深信人们有追求幸福的能力。

那能力，在每个人的思维里。

"有时候，人们会因为你在做的事而嘲笑你，别管他们，假如那是你喜欢做的事，去做吧……"霍纳博士这段话非常值得我们深思。

"只要你所做的事令你衷心喜爱，人生就无憾了。"

幸福的感觉，来自于知道自己全心全意在追求想要的目标与理想——知道你所做的事是你真心喜爱的，做自由自在的自己。

[不断提升自己，
与自卑说再见]

　　心里有自卑，就像得了脆骨病，成了玻璃人，凡事不敢做。这样的人如何能有自信呢？做事缺乏决心和信念的人，内心也会藏有自卑。自卑心理不是天生的，完全是后天形成的。那么，又是什么让人自卑呢？

　　自卑的心理随处可见，比如，暗恋一个女孩，却老是担心自己配不上她，所作所为都可能会让她小瞧；不敢接受新任务，总怀疑自己的能力，怕做不好、完不成；和朋友相处，总是顾虑这顾虑那，是不是表现得得体啊，说话是不是要注意啊，穿着是不是合适啊，总怕自己哪点做不好会引起大家嘲笑。

　　什么是自卑？自卑感是一种自我怀疑、自轻自贱的心理感觉。理论上说，每个人内心都怀有自卑感，至少在人的潜意识里存在着。有些人看起来盛气凌人，在他的内心里，却很可能是一个有着强烈自卑感的人。表面上的盛气凌人只是为了掩饰自己的自卑罢了。

　　自卑会使人在做事时缺乏自信，让人在做事之前怀疑自己的能力，觉得自己不能胜任。有自卑感的人，自尊心往往非常脆弱，他们总是惧怕、担心，害怕别人当着自己的面，将自己的自卑心理公之于众，而暗地里又老是在意别人对自己的评价。这种心理状态不仅会使他们在工作中表现得一塌糊涂，还会让领导、同事觉得此人的能力不足。所以，自卑、不自信的心理状态经常使他们面临严峻的工作压力。生活中，他们也是事事小心，处处在意，怕自己的自卑心理被他人发现。所以，他们常会尽力将自己包裹起来，或者在人际交往中选择逃避。

　　有自卑心理的人常把自己放在一个低人一等的位置，觉得自己不被别人喜欢，甚至自暴自弃，妄自菲薄，对自己失去了希望。他们常为此郁郁寡欢，不愿意与人交往，做事缺乏自信，优柔寡断，没有竞争意识，而且常感到疲惫，意气消沉。

不管是生活还是工作，自卑都是一种心理障碍，压抑着人的潜能，对个人的发展产生不利的影响。

自卑心理，个人是能够意识到的，不过，想要调整，却束手无策。自卑还会带来很大的精神压力，长期受压抑，也会引起精神问题。

那么，一个人到底有没有自卑心理，自己的自卑到什么程度了呢？下面的测试可以给自己一个判断。

对下列问题作出"是"或"否"的回答。回答"是"得1分，"否"得0分。

1. 你觉得自己的身体不够强壮吗？

2. 你对自己的容貌不满意吗？

3. 你是否不太喜欢镜子中的自己？

4. 你觉得像自己这样的身体应该更高一些吗？

5. 别人给你拍照时，总担心别人把你拍丑了吗？

6. 你内心常充满失败的影子吗？

7. 与别人在一起时，你常默默无闻，不爱说话吗？

8. 你是否总觉得自己常被别人讥讽？

9. 你是否不敢主动向自己所面临的难题挑战？

10. 你是否总觉得自己比别人笨一些？

11. 对自己非常熟悉的事情，你是否没有绝对的决心和信念将其做好？

12. 对于自己的过失，你会一直耿耿于怀吗？

13. 你相信自己的未来不会比他人更好吗？

14. 参加运动后，你老是感到自己虚脱吗？

15. 碰到难题时，你经常采取逃避的行为吗？

16. 你是否常常回想并检讨自己过去的不良行为？

17. 与别人闹矛盾时，你老是责怪自己吗？

18. 你是否不喜欢自己的性格？

19. 你常常打断别人的讲话吗？

20. 你是否总觉得很多人不喜欢自己？

21. 做某件事时，你常缺乏成功的自信吗？

22. 即使不同意对方的观点，你也不会当面提出反对意见吗？

23. 你认为自己使父母感到绝望吗？

24. 你是否认为身边的朋友怀疑自己的能力？

25. 你常对自己的功课成绩不抱太大希望吗？

26. 你常常在心里默默祈祷吗？

27. 你是否自甘落后？

28. 别人没有征询你的看法，你不会主动发表自己的意见吗？

29. 自己的观点被人反对时，你是否会马上怀疑自己的准确性？

30. 你对未来失去了信念吗？

得分在0～5分之间，意味着你是一个非常自信的人，不过不要自满。

得分在6～10分之间，意味着你不是一个自卑的人。

得分在11～20分之间，意味着你有一定的自卑心理，只要一碰到困难，你就可能丧失信心。

了解了自己的情况，自卑心重的人会害怕自卑，想着如何消除它。也许你会问：自卑是天生的还是后天形成的？没有哪个人生来就带有自卑因子，但它又是如何形成的呢？

不正确的教育会在孩子心中产生自卑，这可以从生性胆小的人身上所带的自卑感看出来。胆小的人和小时候的家庭教育有关。小时常被父母打骂恐吓的孩子，往往形成两个极端的性格。不是叛逆就是胆小懦弱。如果叛逆了，则会仇视这个社会，如果懦弱了，则畏畏缩缩，连走路都不敢抬起头，总担心自己一旦做错了什么就会遭到难以承受的惩罚。

另外，学历的高低，能力的大小也和自卑有着密切的关系。在工作中，和自己学历高或能力强的人共事，往往妄自菲薄，觉得自己不可能比得上别人。这也会造成很大的负面影响，对自己的前途极为不利。

经常受挫的人也会产生挥之不去的自卑，一次受挫并不能产生自卑，人会马上调整好自己的心态，人的自我修复能力足以胜任一两次的受挫心理。不过一而再、再而三的受挫，就会让人开始怀疑自己的一切，觉得自己一无是处，甚至完全否定自己。

凡事追求完美的人也会产生自卑，在个人能力与自己对事情的要求不能相当时。由于过于追求完美的心态会激发他内心的敏感，一旦存在瑕疵，焦虑和不满便油然而生，多次的不满就会产生对自己的怀疑，自卑就悄悄出现了。

除了以上这些，社会和经济地位也是产生自卑的因素。占有欲强烈的人也易产生自卑心理。如果人们在相同的出发点开始，结果却没有使自己在物质世界中获得比别人更好或与别人相同的收获时，就可能会在有名车、豪宅的朋友跟前产生自卑。占有欲强的人总觉得别人的东西好，所以不自觉地羡慕别人。羡慕别人，其前提就是自己的不足，就是自卑感在作祟。

自卑心理不管出自哪里，其结果是相同的，终究对自己不利。如何挣脱自卑感的困扰，让自己重新获得自信呢？

不断提升自己，这个是不二法门。古语说腹有诗书气自华，同理，通过自己的学习，正确看待周围的人和事，培养积极的心态，去尝试做自己不敢做的事，会让自己的自卑销声匿迹。

认识自己，才能做更好的自己

比较之心人皆有之，只是有些明显有些隐晦。比较本身没有好坏之分、善恶之别，关键要看它给比较者带来了什么影响。准确的比较之道是：在比较中发现自我，修复自我。

生活中，处处都让人想去比较。比如，不如自己的人却比自己混得好，能力和自己相当的同事升迁了，非美女嫁了个帅老公了，如此等等，只要存在差距，只要是身边的事，似乎比较是避免不了的。甚至还会因很多事情生闷气，总觉得自己处处比不上别人，以致感叹自己命途多舛。

这些都是因比较而生，也因比较而加剧。

其实，比较之下并不是都是自卑。很多人在比较之中发现了自己的不足，然后通过自己的努力来弥补了不足，因此而进步。

生活中，比较现象十分常见。向上比发现了自己的不足，向下比发现了自己的有余。关于比较之心，有一首形象的打油诗这样写："众人纷纷说不齐，他骑骏马我骑驴。回头看到推车汉，比上不足下有余。"所以，比较的作用有好有坏，不可一概而论。

对于比较现象，许多心理学方面的书籍视其为有害无益。之所以如此，是因为不少人在比较中获得的不是改善，而是烦恼，尤其是那些只看别人优点，不看自己优点的人。

比较是把双刃剑，盲目地比较会伤到自己，如果比较的结果总是给自己的情绪带来消极影响，这样的比较就该及时修正。倘若不及时摒除这种习惯，由此导致的痛苦就没有休止，自己的心理也无法获得平衡。比较既可以激发一个人的内在潜力，又可以使人失去心理平衡。比较之道，最忌讳地就是只拿自己的缺点和别人的长处来比，如果一个人总习惯拿自己的缺点去对抗别人的长处，那么他得到的除了自卑以外还能有什么呢？

研究发现，生活中人们羡慕自己的所缺，而忽视自己的所得。和父母相隔两地的人会羡慕别人的家庭生活，而生活在美满家庭中的人又羡慕别人了无牵挂的自由自在。

"梅须逊雪三分白，雪却输梅一段香。"积极的比较可以使人发现自我，通过比较他渐渐清楚自己的不足，并且修复这种不足。

人如果习惯于和眼前的一切相比，就容易忽视自己，殊不知自己也是自己比较的对象。比较自己的现在与过去，就会清楚自己在哪些方面获得了突破，在哪些方面一直踟蹰不前；比较自己的现在与未来，就会更加明确自己的目标，让现在的自己变得更加积极主动，实施起来也会有的放矢。

当你还在为自己处处不如人而烦恼时，当你对自己的处境仍耿耿于怀时，当你不能挣脱别人的优点对你心灵的桎梏时，你应该知道如何准确运用比较之道。

发现自我，修复自我，就是比较之道。

不要总看不到自己的长处。如果我们总是对别人望洋兴叹，对自己妄自菲薄，就很难成为最好的自己了。

如果自己处于最底层，就应该告诉自己，凡事都要循序渐进，只要自己一步一个脚印，最高层的位置总会达到。如果积极努力、步步为营，将来也会像现在的领导一样，甚至比他们做得还要好。

比较之道是为了更好地发现自我，完善自我，找到完整的自我。所以，我们要学会如何正确地运用它，让它为己所用，而不是被它束缚。

反省的力量

　　自以为是既是自信也是陷阱。自以为是地做出了判断，自以为是地处理事情，人会满怀自信、勇往直前。自以为是或者给你一个满意的结果，不过整个过程常常会遇到各种障碍，甚至因缺乏反思这种因自以为是而定势的习惯而导致失败。

　　人之所以觉得幸福，并不一定因为他拥有很多财富，担任很高职位，主要是他看淡了得失，知道如何掌握当下的生活；人之所以觉得成功，并不一定是因为他从成功中获得了多少物质回报，也不是因为自己殚精竭虑为之付出的目标实现了，而是他克服了自己的各种不足，发现了自我。

　　我们可以从成功人士和拥有幸福的人身上发现自我的力量。而一个人之所以能发现自我，反思是功不可没的。不懂得反思，就发现不了自己的不足，让自己沉溺于错误的习惯仍然津津乐道，更不可能发现自我。

　　生活中，因为缺乏思考、盲目行事造成了很多错误，甚至让人觉得可笑。

　　从前，人类并不是穿着鞋子走路，而是赤着双脚，当时并没有鞋子。一次，国王外出经过一个偏远的乡间，乡间的道路多荆棘，而且有许多碎石头，国王的脚痛得不敢继续走下去。这令他非常生气，回去后，为了解决这个行路难的问题，他下了一道命令：将国内的所有道路都铺上一层牛皮。

　　国王自认为很聪明，想到了一个解决走路问题的好办法，而且可以造福于民，一定会得到全国上下的一致拥护，从此以后大家走路不再害怕被刺到脚了。但是，聪明的国王实在是糊涂之极，用牛皮铺上所有的道路，那要多少头牛啊！即使杀尽全国的耕牛也不能铺满道路，更何况耕牛还要留着种田呢。

这根本就是不可能完成的，可是，国王的命令，谁敢违背啊，老百姓只能自叹命苦，生不逢时，遇到了一个糊涂的国王。

无奈之下，国王的一个仆人解决了这个问题。他向国王提出建议："尊敬的陛下，您的命令实在是造福于民的好事。不过，这样做实在是浪费了牛皮。我从您的办法中得到了另一个解决之道。您可以下令割两小片牛皮包住脚，这样不是可以节省了很多耕牛？"

国王听了觉得很好，采用了仆人的建议。自那之后，世界上人就有了鞋子。

当把两块小牛皮绑在脚上时，国王或许会发现自己原来的主意是多么的愚蠢。实际生活中有许多人像这个国王，当陷入生活泥淖时，往往会受情绪支配，做一些荒诞乖张的事情；当工作碰到麻烦时，往往会陷入痛苦之中，觉得自己怎么如此不顺。不积极反思自己哪里出问题的人，往往会使自己一再陷入重复的困境永不可自拔。

这样的人就像青蛙，身处其中的水在慢慢加热，危险已经来临，自己却浑然不知。

这是出自一个著名的实验，有人将一只青蛙放入锅中，下面用小火煮。作为两栖动物，水是青蛙的栖身之处，它快乐地将自己藏在水底。

锅底下的火在慢慢加热，水的温度渐渐升高，只因改变太慢，青蛙丝毫没有察觉。水温在一点点升高，青蛙伸伸懒腰，打个哈欠说："在水里面真惬意啊！"不断上升的水温让它感到有些困倦，不一会儿就睡着了。

水下面仍在加热，水温在升高，渐渐有些烫了。熟睡中的青蛙觉得水有点热，于是它睁开眼，自言自语道："可能已到中午了吧，这该死的太阳！我还是躲在水下吧，可能外面比这里还热。"尽管有些不舒服，但它依然在水下待着。

水温越来越高，此时的青蛙已经有些头昏目眩。它有些着急了，气愤地骂道："这该死的天气，真是热死我了。不行，我要出来，再找个可以避暑的地方。"想到这儿，青蛙用尽全力往外游，但此刻四肢已经不听使唤了。水温越来越高了，这时青蛙才想起来挣扎。可是，没过多久，就再也听不到它的声息了。

对于有些人来说，生活在挫败感之中，渐渐把挫败感变成习惯，就像这只水中的青蛙，只是因为习惯，不愿意反思，害了自己。人要实现自我，就要常常对自己的行为做出反思，在反思中才能进步。

反思，可以让我们及时发现自己哪里出了差错，什么地方做得还不够好，如何改正才能获得更大的突破。而且，经常反思让人运筹帷幄，未雨绸缪，使将要出现的问题提前解决。